冶金工程
设计施工理论与实践

王玖宏 雷建强 编

北 京
冶金工业出版社
2014

内 容 提 要

本书共分 12 章，主要内容包括冶金工程设计基础知识、冶金工厂设计概述、土建基础知识、冶金工艺设计、施工方案实例、施工总体部署、施工进度计划及保证措施、施工资源配备、施工总平面规划、高炉本体设计、高炉本体施工中的特殊措施方案、质量保证体系及措施等。

本书可供从事冶金工程设计的科技人员和工程技术人员阅读参考，也可作为高等院校冶金工程等专业的教学参考用书及冶金工程专业技术培训教材。

图书在版编目(CIP)数据

冶金工程设计施工理论与实践/王玖宏，雷建强编．—北京：冶金工业出版社，2014.5
ISBN 978-7-5024-6591-9

Ⅰ.①冶… Ⅱ.①王… ②雷… Ⅲ.①冶金工业—设计—高等学校—教材 ②冶金工业—工程施工—高等学校—教材 Ⅳ.①TF

中国版本图书馆 CIP 数据核字（2014）第 093538 号

出 版 人　谭学余
地　　址　北京北河沿大街嵩祝院北巷 39 号，邮编 100009
电　　话　（010）64027926　电子信箱　yjcbs@cnmip.com.cn
责任编辑　廖 丹　王 优　美术编辑　杨 帆　版式设计　孙跃红
责任校对　郑 娟　责任印制　牛晓波

ISBN 978-7-5024-6591-9

冶金工业出版社出版发行；各地新华书店经销；三河市双峰印刷装订有限公司印刷
2014 年 5 月第 1 版，2014 年 5 月第 1 次印刷
148mm×210mm；6.375 印张；189 千字；193 页
28.00 元

冶金工业出版社投稿电话：(010)64027932　投稿信箱：tougao@cnmip.com.cn
冶金工业出版社发行部　电话：(010)64044283　传真：(010)64027893
冶金书店　地址：北京东四西大街 46 号(100010)　电话：(010)65289081(兼传真)
(本书如有印装质量问题，本社发行部负责退换)

前　言

冶金工程设计与施工是一门综合技术，它基于工程科学，重点是应用。要把相关领域科技成果尽快转化为生产力，除了科技和工程人员自身的理论素养和是否掌握了正确的开发方法外，了解并掌握设计的基本原理和方法是另一重要的影响因素。本书是在编者多年从事科研及工程实践的基础上整理编写而成的，书中详细介绍了冶金工程工艺设计的基础知识、基本概念、设计思想、设计方法以及设计步骤等，同时，还介绍了国内冶金行业具体的施工方案实例及工艺与设备设计计算实例。

本书旨在帮助从事冶金工程设计、施工、管理的人员对冶金工程设计过程有一个全面的了解，熟悉冶金工程设计的特点和主要步骤，进一步掌握冶金工程设计及建设工程施工、组织、管理、质量安全等相关知识。

本书可供从事冶金工程设计的科技人员和工程技术人员阅读参考，也可作为高等院校冶金工程等专业的教学参考用书及冶金工程专业技术培训教材。

本书共分12章，其中第1~第8章由王玖宏编写，第10~第12章由雷建强编写，全书由王玖宏负责统稿与整理。在本书编写过程中，为力求内容系统、全面，参考了大量的相关文献资料，在此向文献的作者致以诚挚的谢意。西安建筑科技大学冶金工程学院杨双平教授审阅了本书全部内容,提出了许多宝贵的修改意见,同时九冶建设有限公司的领导对本书的编写工作亦给予了极大的支持与帮助,在此一并表示衷心的感谢!

冶金工程设计与施工技术涉及的知识面非常广泛,由于编者水平有限,书中难免出现疏漏之处,恳请同行专家及读者批评指正。

编 者
2014年2月于西安

目 录

1 绪论 …………………………………………………………… 1
  1.1 冶金和冶金方法 ………………………………………… 2
  1.2 冶金工艺流程和冶金过程 ……………………………… 3
  1.3 冶金工业在国民经济中的地位和作用 ………………… 7

2 冶金工厂设计概述 …………………………………………… 11
  2.1 冶金工厂建设 …………………………………………… 12
    2.1.1 建设程序 …………………………………………… 12
    2.1.2 建设中的执行者 …………………………………… 13
  2.2 冶金工厂设计的基本知识 ……………………………… 14
    2.2.1 基本概念 …………………………………………… 14
    2.2.2 设计单位专业设置 ………………………………… 15
    2.2.3 专业之间的关系 …………………………………… 19
  2.3 前期设计 ………………………………………………… 20
    2.3.1 基本概念 …………………………………………… 20
    2.3.2 项目建议书 ………………………………………… 20
    2.3.3 可行性研究 ………………………………………… 22
    2.3.4 规划 ………………………………………………… 24
    2.3.5 厂址选择 …………………………………………… 26
  2.4 工程设计 ………………………………………………… 31
    2.4.1 设计基础资料 ……………………………………… 31
    2.4.2 初步设计 …………………………………………… 32
    2.4.3 技术设计 …………………………………………… 35
    2.4.4 施工图设计 ………………………………………… 36
    2.4.5 施工服务 …………………………………………… 38

3 土建基础知识 ············ 42

3.1 基本概念 ············ 42
3.2 建筑的分类 ············ 42
3.3 建筑定位尺寸 ············ 43
3.3.1 开间和进深 ············ 43
3.3.2 厂房的柱距与跨度 ············ 44
3.4 工厂厂房的一般要求 ············ 46
3.4.1 工厂内建筑物的配置 ············ 46
3.4.2 工厂厂房的模数 ············ 46
3.4.3 厂房高度 ············ 47
3.4.4 厂房的地面通道和门 ············ 48
3.4.5 吊装孔的位置 ············ 48
3.5 基础 ············ 48
3.5.1 地基与基础的概念 ············ 48
3.5.2 基础的分类 ············ 50
3.5.3 基础的埋置深度 ············ 52
3.6 单层厂房结构 ············ 52
3.6.1 砖混结构 ············ 52
3.6.2 装配式钢筋混凝土结构 ············ 53

4 冶金工艺设计 ············ 57

4.1 工艺专业的设计任务 ············ 57
4.2 工艺专业的资料交换 ············ 57
4.2.1 收集设计资料 ············ 57
4.2.2 提出设计条件 ············ 58
4.3 工艺流程设计 ············ 58
4.3.1 冶金工厂规模的确定 ············ 58
4.3.2 工艺流程的选择 ············ 60
4.3.3 工艺流程方案的技术经济比较 ············ 62
4.3.4 工艺流程的设计方法 ············ 69

4.3.5 工艺流程图的绘制 70
4.4 设计委托书的要求 75
4.4.1 总图运输和水运工程 76
4.4.2 建筑和结构 78
4.4.3 机械设备 82
4.4.4 电力 83
4.4.5 自动化仪表和电信 85
4.4.6 计算机 88
4.4.7 给水排水 88
4.4.8 采暖通风 89
4.4.9 工业炉 90
4.4.10 热力和燃气 91
4.4.11 机修和检验 91
4.4.12 技术经济 92
4.4.13 能源、环保、安全和工业卫生 92
4.4.14 工程经济 93
4.5 设计说明书 94
4.5.1 概述 94
4.5.2 主要设计决定和特点 94
4.5.3 主要工艺设备的技术性能 96
4.6 工艺设备设计 97
4.6.1 设备设计的任务 98
4.6.2 冶金主体设备设计 99
4.6.3 冶金辅助设备的选用与设计 104
4.6.4 非标准件设计 107

5 施工方案实例 111
5.1 编制综合说明 111
5.2 编制依据及执行标准 111
5.3 国家和行业相关规范和标准 112
5.4 设备技术文件与设计所规定的其他技术要求和标准 112

5.5 编制原则 ·· 112
5.6 编制内容 ·· 113
5.7 工程概况 ·· 113
    5.7.1 现场自然条件 ··· 113
    5.7.2 交通条件和区域位置 ·· 114
    5.7.3 工程项目 ·· 115
    5.7.4 建筑及结构部分概况 ·· 115
    5.7.5 混凝土结构和钢结构概况 ·· 118
    5.7.6 工程特点及对策 ··· 120

6 施工总体部署 ·· 122

6.1 指导思想 ·· 122
6.2 施工目标 ·· 122
6.3 施工部署 ·· 122
    6.3.1 施工组织机构 ··· 122
    6.3.2 施工准备工作计划 ·· 124
    6.3.3 施工安排 ·· 125

7 施工进度计划及保证措施 ··· 127

7.1 施工进度计划说明 ·· 127
7.2 关键控制点 ··· 127
7.3 工期保证措施 ··· 127
    7.3.1 组织措施 ·· 128
    7.3.2 技术措施 ·· 129

8 施工资源配备 ·· 130

8.1 劳动力资源配备 ·· 130
8.2 机械配备 ·· 131
8.3 主要材料供应计划 ·· 133

9 施工总平面规划 ··· 135

9.1 平面规划说明 ··· 135

9.2 临时设施设置 ……………………………………………… 135
　9.2.1 项目管理部设置 …………………………………… 135
　9.2.2 临时道路 …………………………………………… 136
　9.2.3 临时用水 …………………………………………… 136
　9.2.4 临时用电 …………………………………………… 136
　9.2.5 临时排水 …………………………………………… 136
　9.2.6 围栏设置 …………………………………………… 136
9.3 施工测量控制 …………………………………………… 136
9.4 施工总平面的管理 ……………………………………… 137

10 高炉本体设计 ………………………………………………… 138

10.1 高炉内型设计 …………………………………………… 138
　10.1.1 高炉年产量的计算 ………………………………… 138
　10.1.2 高炉有效容积的确定 ……………………………… 138
　10.1.3 高炉内型尺寸的确定 ……………………………… 142
10.2 高炉内衬设计 …………………………………………… 145
　10.2.1 高炉炉底砌砖 ……………………………………… 146
　10.2.2 高炉死铁层区域砌砖 ……………………………… 147
　10.2.3 高炉炉缸砌砖 ……………………………………… 149
　10.2.4 高炉炉腹砌砖 ……………………………………… 151
　10.2.5 高炉炉腰砌砖 ……………………………………… 151
　10.2.6 高炉炉身砌砖 ……………………………………… 152
　10.2.7 高炉炉喉钢砖选型 ………………………………… 156
10.3 炉体冷却设备 …………………………………………… 156
　10.3.1 外部喷水冷却 ……………………………………… 157
　10.3.2 冷却壁的选择 ……………………………………… 157
　10.3.3 水冷炉底 …………………………………………… 158
10.4 高炉钢结构 ……………………………………………… 159
　10.4.1 高炉本体钢结构 …………………………………… 160
　10.4.2 炉壳及炉体结构 …………………………………… 160
　10.4.3 支柱 ………………………………………………… 160

10.4.4　炉体平台走梯 ································· 161

11　高炉本体施工中的特殊措施方案 ·················· 162

11.1　炉壳焊接保证措施方案 ··························· 162
　　11.1.1　概况 ·· 162
　　11.1.2　高炉与热风炉炉壳焊接方法选择 ················ 162
　　11.1.3　技术措施 ···································· 162

11.2　加工场与现场平台搭设方案 ······················ 163
　　11.2.1　钢结构加工规划 ······························ 163
　　11.2.2　主要措施 ···································· 163

11.3　高炉与热风炉安装技术措施方案 ·················· 164

12　质量保证体系及措施 ································ 166

12.1　施工单位质量方针 ······························ 166
12.2　施工单位质量目标 ······························ 166
12.3　项目质量保证体系 ······························ 166
　　12.3.1　施工单位质量管理体系 ························ 166
　　12.3.2　项目质量保证体系 ···························· 167
　　12.3.3　质量检查专检要点 ···························· 168
　　12.3.4　质量检查员专检手段要点 ······················ 168

12.4　工程质量管理（控制）点 ························ 170
12.5　质量通病治理措施 ······························ 171
12.6　土建项目质量预控 ······························ 176
　　12.6.1　质量通病与预防措施 ·························· 176
　　12.6.2　试验保证措施 ································ 178
　　12.6.3　施工中的计量管理 ···························· 178
　　12.6.4　施工质量过程控制 ···························· 179
　　12.6.5　质量管理制度 ································ 183
　　12.6.6　成品保护措施 ································ 185
　　12.6.7　工程创优措施 ································ 188

参考文献 ··· 192

1 绪 论

近年来,冶金工程技术的研究成果和应用,依然是推动钢铁工业持续发展的基础和保证。冶金工程设计应力争新建车间在工艺、装备和结构等方面比现有车间有更高的技术水平以及机械化和自动化水平,有更高的劳动生产率,有安全和尽可能舒适的劳动条件,有可靠稳定的环境保护措施。

冶金工程技术近两年的发展总体上符合我国钢铁工业持续高速增长的需要。新一代可持续钢铁流程工艺技术等一批研究成果,不仅对钢铁生产高效、低耗、优质、低排放、低成本具有重大的现实和长远意义,也为国民经济朝循环经济方向发展提供了有益的经验和良好的切入点。

我国冶金工程技术总体上已跻身于世界先进行列,但是由于市场需求的多样性,行业产业集中程度较低等原因,加快淘汰高耗、低质的落后小企业的目标尚未实现。我国虽然具有产品、技术、装备都是世界一流的大型钢铁企业,但总体上与世界其他主要产钢国家还存在一定的差距;日益增加的需求与产量,使资源和环境压力不断加大,冶金工程技术研发的任务还很重;少数高质量钢材品种生产的水平与质量稳定性、产品向高附加值方向延伸的产业链建设与应用技术的开发和世界主要产钢国家也还存在差距;钢铁前沿核心技术的开发与应用方面还需投入更多的财力和人力。

今后冶金工程技术不但要在冶金物理化学、冶金反应工程、冶金热能工程、冶金原料与预处理、钢铁冶金、轧制、冶金机械与自动化等分学科应用基础理论与技术方面进一步优化研究;更要加大对冶金工程技术前沿技术攻关研究的投入力度,尽早在核心技术与装备上实现自主创新或在引进技术基础上再创新,掌握竞争与发展的主动权。必须指出,在冶金工程设计及施工理论与实践应用的研究与开发方面应继续把重点放在新一代可循环钢铁流程工艺技术、产品开发、节能减排三个方面,否则技术发展的总体水平得不到迅速的提高。

1.1 冶金和冶金方法

冶金是一门研究如何经济地从地矿石或其他原料中提取金属或金属化合物,并用各种加工方法制成具有一定性能的金属材料的科学。

广义的冶金包括矿石的开采、选矿、冶炼和金属加工。由于科学技术的进步和工业的发展,采矿、选矿和金属加工已各自形成独立的学科。狭义的冶金是指矿石或精矿的冶炼,即提取冶金。

从矿石或精矿提取金属(包括金属化合物)的生产过程称为提取冶金。由于这些生产过程伴有化学反应,所以称为化学冶金;它研究火法冶炼、湿法提取或电化学沉积等各种过程的原理、流程、工艺及设备,故又称为过程冶金学。习惯上把过程冶金学简称为冶金学。

冶金的方法很多,可归结为以下三种方法:

(1)火法冶金。它是指在高温下矿石或精矿经熔炼与精炼反应及融化作业,使其中的金属与脉石和杂质分开,获得较纯金属的过程。整个过程一般包括原料准备、熔炼和精炼三个工序。过程所需能源,主要靠燃料燃烧供给,也有依靠过程中的化学反应反应热来提供的。

(2)湿法冶金。它是在常温(或低于100℃)常压或高温(100~300℃)高压下,用溶剂处理矿石或精矿,使所要提取的金属溶解于溶液中,而其他杂质不溶解,然后再从溶液中将金属提取和分离出来的过程。由于绝大部分溶剂为水溶液,故也称水法冶金。该方法主要包括浸出、分离、富集和提取等工序。

(3)电冶金。它是利用电能提取和精炼金属的方法。按电能利用形式电冶金又可分为两类:

1)电热冶金。电热冶金是指利用电能转变成热能,在高温下提取金属,本质上与火法冶金相同。

2)电化学冶金。电化学冶金是指用电化学反应使金属从含金属的盐类的水溶液或熔体中析出。前者称为水溶液电解,如铜的电解精炼和锌的电解沉积,可归入湿法冶金;后者称为熔盐电解,如电解铝,可列入火法冶金。

采用哪种方法提取金属,按照怎样顺序进行,在很大程度上取决于金属及其化合物的性质、所用的原料以及要求的产品。冶金方法基本上是火法和湿法。钢铁冶金主要用火法，而有色金属冶金则火法和湿法兼有。

冶金方法的采用，正面临着能源的节省、环境保护、矿物资源日趋贫乏和资源综合利用等紧迫问题。在一定程度上它们支配着冶炼厂的生产、设计、建厂和冶金技术的发展。节省能源依靠新技术和新方法，尤其是要改进电路熔炼和有色金属生产过程的现有工艺，降低电耗。湿法冶金和无污染火法冶金能较好地满足日趋严格的环保要求，具有很大的发展前景。为了维持工业增长的需要，必须采取措施处理贫矿，一方面要提高选矿技术，另一方面要研究更有效的冶炼方法。矿物原料尤其是多金属矿物原料的综合利用，是提取冶金降低生产成本，提高经济效益的关键。近年来，有色金属提取冶金企业正在努力实现多产品经营，并把金属生产和材料加工结合起来，提高冶金产品销售的附加值，借以降低主金属的冶炼成本。

从废金属和含金属的废料中回收金属对于扩大金属资源，降低金属生产能耗，减少环境污染有极其重要的意义和经济效益。常把金属废料称为二次原料以区别于矿物原料；把产出的金属产品称为再生金属以区别于矿产金属。近年来，再生金属的产量在有色金属的消费量中已占有很高的比例，例如，铜、铝、铅、锌等再生金属产量已占其金属总消费的30%~50%。同样，钢铁是与环境相对友好的材料，炼铁炉渣、炉尘也可收集二次应用，制造水泥和其他建筑材料，有些公司的炉渣、炉尘利用率可达90%；废钢可回收与利用于炼钢，世界钢产量中45%是由废钢生产的，钢铁再生量占整个回收金属的90%。再生金属工业已成为冶金工业的重要部分。

冶金和其他科学领域一样，涉及的范围很广，它与化学、物理化学、热工、化工、机械、仪表、计算机有极其密切的关系，冶金学不断吸收上述基础学科和相关学科的新成就，指导着生产技术向广度和深度发展，而冶金生产工艺的发展又会对冶金的充实、更新和发展提供不尽的源泉和推动力。

1.2 冶金工艺流程和冶金过程

黑色金属矿石的冶炼，一般情况，矿石的成分比较单一，通常采用火法冶金的方法进行处理，即使有的矿石较为复杂，通过火法冶金之后,也能促使其伴生的有价金属进入渣中,再进行处理,如高炉冶炼用钒钛磁铁矿就是属于这种类型。有色金属矿石的冶炼,由于其矿石或精矿成分较为复杂,含有多种金属矿物,不仅要提取或提纯某种金属,还要考虑综合回收各种有价金属,以充分利用矿物资源和降低生产费用。因此,其冶金过程要用两种或两种以上的方法才能完成。

由矿石或精矿提取和提纯金属不是一步可以完成的,需要分为若干个阶段才能实现,但各个阶段的冶炼方法和使用设备都不尽相同。各阶段过程间的联系及其所获得产品(包括中间产物)间的流动线路图就称为某一种金属的冶炼工艺流程图,例如钢铁冶金工艺流程图(如图1-1所示)。根据表示内容的不同,工艺流程图可分为设备连接

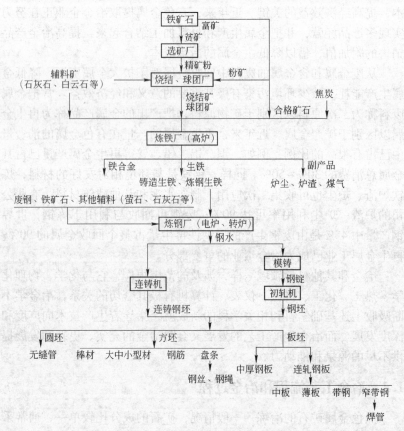

图 1-1 钢铁冶金工艺流程图

图、原则流程图和数质量流程图。设备连接图是表示冶炼厂主要设备之间联系的图,原则流程图是以表示各种作业间联系为主的图;数质量流程图则是表示各阶段作业所获产物的数量和质量情况的图。

从钢铁冶金工艺流程图可知,一种金属的冶炼工艺流程包括多个冶炼阶段,而每一个冶炼阶段可能采用火法、湿法或电化学冶金的方法。所以,通常把每一个冶炼阶段称为冶金过程。如高炉炼铁是一火法冶金过程,锌焙砂浸出是一湿法冶金过程,而精华液电积则为电化学冶金过程。

冶金工艺过程包括许多单元操作和单元过程,简述如下:

(1) 焙烧。焙烧是指将矿石或精矿置于适当的气氛下,加热至低于它们的熔点温度,发生氧化、还原或其他化学变化的过程。其目的是改变原料中提取对象的化学组成,满足熔炼或浸出的要求。焙烧过程按控制气氛的不同,可分为氧化焙烧、还原焙烧、硫酸化焙烧和氯化焙烧等。

(2) 煅烧。煅烧是指将碳酸盐或氢氧化物的矿物原料在空气中加热分解,除去二氧化碳或水分变成氧化物的过程。煅烧也称焙烧,如石灰石煅烧成石灰,作为炼钢熔剂;氢氧化铝煅烧成氧化铝,作为电解铝的原料。

(3) 烧结和球团。烧结和球团是指将粉矿或精矿加热焙烧,固结成多孔状或球形的物料,以适应下一工序熔炼的要求。例如,烧结是铁矿粉造块的主要方法;烧结焙烧是处理铅锌硫化精矿使其脱硫并造块的鼓风炉熔炼前的原料准备过程。

(4) 熔炼。熔炼是指将处理好的矿石、精矿或者其他原材料,在高温下通过氧化还原反应,使矿物原料中的金属组分与脉石和杂质分离为两个液相层即金属液和熔渣的过程,也叫冶炼。熔炼按作业条件可分为还原熔炼、造锍熔炼和氧吹化炼等。

(5) 火法精炼。火法精炼是指在高温下进一步处理熔炼、吹炼所得含有少量杂质的粗金属,以提高其纯度。如高炉熔炼铁矿石得到生铁,再经过氧气顶吹转炉氧化精炼成钢;火法炼锌得到粗锌,再经过蒸馏炼成纯锌。火法精炼的种类很多,如氧化精炼、硫化精炼、氯化精炼、熔析精炼、碱性精炼、区域精炼、真空精炼、蒸馏等。

(6) 浸出。浸出是指用适当的浸出剂（如酸、碱、盐等水溶液）选择性地与矿石、精矿、焙砂等矿物原料中的金属组分发生化学作用，并使之溶解而不与其他不溶组分初步分离的过程。目前，世界上大约15%的铜，80%以上的锌，几乎全部的铝、钨、钼都是通过浸出而与矿物原料中的其他组分得到初步分离的。浸出又称浸取、溶出、湿法分解，如在重金属冶金中常称浸出、浸取等，在轻金属冶金中常称溶出，而在稀有金属冶金中常常将矿物原料的浸出称为湿法分解。

(7) 固液分离。该过程是将矿物原料经过酸、碱等处理之后的残渣与浸出液组成的悬浮液分离成液相与固相的湿法冶金单元过程。在该过程的固液之间一般很少再有化学反应发生，主要是用物理方法和机械方法进行分离，如重力沉降、离心分离、过滤等。

(8) 溶液净化。溶液净化是将矿物原料中与欲提取的金属一道溶解进入浸出液的杂质金属除去的湿法冶金单元过程。净液的目的是使杂质不至于危害下一工序对主金属的提取。其方法多种多样，主要有结晶、蒸馏、沉淀、置换、容积萃取、离子交换、电渗析和膜分离等。

(9) 水溶液电解。水溶液电解是指利用电能转化的化学能使溶液中的金属离子还原为金属而析出，或使粗金属阳极经由溶液精炼而沉积于阴极。前者从浸出净化液中提取金属，故又称电解提取或电解沉积，也称不溶阳极电解，如铜电积；后者以粗金属为原料进行精炼，常称电解精炼或者可溶阳极电解，如粗铜、粗铅的电解精炼。

(10) 熔盐电解。熔盐电解即利用电热维持熔盐所要求的高温，又利用直流电转化的化学能自熔盐中还原金属，如铝、镁、钠、铌的熔盐电解生产。

在考虑某种金属的冶炼工艺流程及确定冶金单元过程时，应注意分析原料条件（包括化学组成、颗粒大小、脉石和有害杂质等）、冶炼原理、冶炼设备、冶炼技术条件、产品质量和技术经济指标等；另外，还应考虑水电供应、交通运输等辅助条件。总的要求（或原则）是过程越少越好，工艺流程越短越好。

由于冶金原料成分的复杂性，使用的冶金设备也是多种多样的，如火法冶金中的高炉、烧结机、沸腾炉、闪速炉、转炉、回转窑、反射炉、电炉、炉外精炼设备等。湿法冶金中有各种形式的电解槽和各种反应器。除此之外，还有收尘设备、液固分离设备。这些设备的使用选择，同样决定着冶金过程的效果，甚至是冶金能否取得成功的关键。

需要提及的是，冶炼金属的工业流程，除了提取提纯金属外，还要同时回收伴生有价金属，重视"三废"（废气、废渣、废液）治理和综合利用等方面的问题。因此，完整的工艺流程是很复杂的，所包含的冶金过程也是很多的。

1.3　冶金工业在国民经济中的地位和作用

金属通常都有较高的强度和优良的导电性、导热性、延展性，部分金属还具有放射性。除汞外，金属在常温下都是以固体状态存在的。在目前已知的109种元素中，金属元素有72种，非金属元素有22种。在金属元素中，黑色金属元素有3种，有色金属元素有69种。对于金属元素，根据其性质、用途、产量及冶炼方法的特点，各国有不同的分类方法。有的分为铁金属和非铁金属两大类，铁金属是指铁和铁基合金，其中包括生铁、铁合金和钢，非铁金属则指铁及铁基合金以外的金属元素；有的分为黑色金属和有色金属两大类，即铁、铬、锰为黑色金属，铁、铬、锰以外的金属为有色金属。通常所指的黑色金属即铁金属，有色金属即非铁金属。

人们常将用矿石或精矿生产金属的工业部门称为冶金工业。矿石和精矿是由各种有用矿物组成的，矿石或精矿通过冶炼加工成多种金属材料，运用于人们生产、生活的各个领域，从而构成了冶金工业的有机联系。所以，国民经济各部门所使用的黑色金属、有色金属都是冶金工业的产品。冶金工业产品的不断增长，才有工业、农业、交通运输业，乃至于当代崛起的第三产业的迅速发展。冶金工业包括黑色金属和有色金属两个工业门类，是整个原材料工业体系中的重要组成部分，它与能源工业和交通运输业一样，是构成国民经济的基础产业。从人类的日常生活用品到高精尖的科技领域的新型材料的应用，都离不开冶金工业的进步和发展。黑色金属工业的钢铁联合企业是指具备从采矿、炼焦、炼铁、炼钢到成品钢材全部生产过程的企业。有色金属工业门类较多,包括铜、铝、铅、锌、镍、钴、钛、镁、钨、锡、钼、汞、稀有金属冶金厂和半导体材料、有色金属加工、再生有色金属加工等。既有原材料采选、金属冶炼、加工制造等专业化生产企业,又有大型采选冶联合企业。有色金属工业生产的性质是向国民经济其他部门提供劳动对象,也是提供个人消费品,有色金属工业产品的产量、质量、品种对整个国民经济的技术进步有重大影响,诸如机械制造业、电力工业、汽车制造业、电子工业、航空航天工业、火箭原子能技术、仪器仪表制造工业等部门的技术进步,都与有色金属、高纯有色金属、稀有金属及其化合物、半导体材料等的开发与应用息息相关。有色金属又有轻、重之分,轻有色金属一般指密度在 $4.5t/m^3$ 以下的有色金属,其中有铝、镁、钠、钾等,钛也列为轻有色金属;重有色金属一般指密度在 $4.5t/m^3$ 以上的有色金属,其中有铜、铅、锌、钴、汞、镉、铋等(镍、锡、稀有金属单列);常用有色金属一般指铜、铅、镍、锡、汞、镁、钛等10种金属。

材料是人类社会发展的物质基础和先导,没有金属材料便没有人类的物质文明。国民经济各个部门都离不开金属材料。目前,尽管陶瓷材料、高分子材料和复合材料发展很快,但是金属材料在今后很长时间内仍将是占主导地位的。由于铁在地壳中占5%,分布比较集中,适合大量开采和大规模冶炼加工,故在所有金属产品中属于成本低、储量大、用途广和可再生利用的金属产品。人类开采并利用铁的历史可以追溯到3000多年以前,以铁为主要元素可以生产出各种用途和性能的钢铁产品。这些钢铁产品为人类生活提供了极大的物质财富。钢铁产品作为国民经济重要的基础原材料,是当今世界各国追求工业文明和提高经济实力的重要指标之一。

钢铁是用途最广泛的金属材料。人类使用的金属材料当中,钢铁占90%以上。人类生活离不开钢铁,人类从事生产或其他活动所用的工具和设施都要使用钢铁。钢铁产量往往是衡量一个国家工业化水平和生产能力的重要指标,钢铁的质量和品种对国民经济的其他工业部门产品的质量,都有极大的影响。

20世纪七八十年代,受当时国际经济形势的影响,钢铁产品市场一方面趋于饱和,另一方面又面临新型替代材料的冲击,西方一些发达国家钢铁工业曾一度处于不景气的状态,有些国家的钢铁业甚至出现了萎缩,故产生了"钢铁工业是夕阳工业"之说。然而,世界经济发展到今天的水平,钢铁作为最重要的基础材料之一的地位依然未受到根本性影响,而且,在可预见的范围内,这个地位也不会因世界新技术和新材料的进步而发生改变。纵观世界主要发达国家的经济发展史,不难看出,钢铁材料工业的发展在美国、前苏联、日本、英国、德国、法国等国家的经济发展中都起到了决定性作用。亚洲"四小龙"中的韩国和中国台湾省,对钢铁工业发展也给予高度重视,这些国家和地区钢铁工业的迅速发展和壮大对于推动其汽车、造船、机械、电器等工业的发展和经济腾飞都发挥了至关重要的作用。美国钢铁工业曾在20世纪七八十年代遭受来自以日本为主的国外进口材料的冲击而受到重创,钢铁产品生产能力急剧下降,但经过十几年的改造和重建,终于在90年代中期又恢复了1亿吨的钢铁生产规模,为维持其世界强国地位继续发挥着重要作用。

钢铁工业在国民经济中的巨大作用,在于它能够提供一切工具和机器设备的原材料。钢铁是现代社会生产和扩大再生产的物质基础,从最简单的手工劳动工具直到最复杂的航天技术,没有一个工业部门不和钢铁工业发生直接或间接的关系。为机器制造业提供数量日益增长、质量日益提高的钢材,是钢铁工业的基本任务。钢铁工业的发展和交通运输业、特别是铁路业的发展紧密联系在一起的。建设100公里铁路,就需钢轨及各种钢材1万多吨;建造一艘万吨级轮船,需要各种钢材制品6000多吨;制造一辆载重汽车大约需要钢材3吨……钢材是现代建筑业的主要建筑材料之一,日本及美国用于建筑业的钢材约占钢材总用量的13%~14%。钢铁工业的生产水平,也是国防实力的表现之一。从直接消费角度看,经过加工和再加工,钢铁与人们的日常生活联系紧密,从餐具、炊具、家具、一般五金用品到高级耐用消费品、各种现代的卫生设施等,到处都可以看到钢铁的使用。此外,钢铁是农业机械化、现代化不可缺少的物质基础。

随着科学技术的迅猛发展,钢铁材料的质量、品种和性能都远不能达到现代科技要求的水平,这就需要各种有色金属作为钢的添加剂而形成各种合金钢。例如,加入铬、镍、钨、钛、钒等成分后,可以使钢材具备某些特殊性能。钢铁工业的迅速发展和壮大，对于推动汽车、造船、机械、电器等工业的发展和经济腾飞，都发挥了至关重要的作用。

20世纪90年代中期，在改革开放政策的推动下，我国钢铁材料工业进入了持续、快速的发展阶段，取得了举世瞩目的辉煌成就。1995年我国生铁产量超过1亿吨，1996年我国钢产量首次突破1亿吨，2003年我国钢产量首次突破2亿吨。近年来我国钢产量一直位居世界第一位。

2 冶金工厂设计概述

设计工作是工程建设的关键环节,是整个工程建设的灵魂,是把科学技术转化为生产力的纽带,没有现代化的设计,就没有现代化的建设。在建设项目确定之前,它为项目决策提供科学依据;在建设项目确定之后,它为工程建设提供设计文件。做好设计工作,对加快工程项目的建设速度、节约建设投资、保证项目投产取得好的经济效益、社会效益和环境效益都起着决定性的作用。

冶金工厂设计是将一个系统(例如一个冶金工厂、一个生产车间或一套装置等)按照其工艺技术要求,经工程技术人员的创造,将其全部描绘成图纸、表格及必要的文字说明的过程,也就是用文件化的语言(工程语言)将工艺技术转化为图纸的全过程。

生产装置是由各种单元设备以系统的、合理的方式组合起来的整体。它根据现有的原料和公用工程条件,通过最经济和安全的途径,生产符合一定质量要求的产品。生产装置设计必须同时满足下列要求:

(1)产品的数量和质量指标。

(2)经济性指标。除了在个别情况下建设生产装置是从产品的社会效益出发外,其余的装置不仅应该有利润,而且其技术经济指标应该有竞争性,即要求最经济地使用资金、原材料、公用工程和人力。要达到这个目标,必须进行流程优化和参数优化的工作。

(3)安全指标。工业生产中大量物质是易燃、易爆或有毒性的。因此,设计必须充分考虑各种明显的和潜在的危险,保证生产人员的健康和安全。

(4)符合国家和各级地方政府制定的环境保护法规,对排放的废气、废水、废渣进行处理。

(5)整个系统必须可操作和可控制。可操作是指设计不仅能满足常规操作的要求,而且也能满足开、停车等非常规操作的要求;可控制是指能抑制外部扰动的影响。

由此可见，设计是一个多目标的优化问题，不同于常规的数学问题，不是只有唯一正确的答案。设计师在做出选择和判断时应考虑各种经常是相互矛盾的因素，即技术、经济和环境保护等的要求，在允许的时间范围内选择一个兼顾各方面要求的方案，这种选择或决策应贯穿于整个设计过程。

2.1 冶金工厂建设

冶金工厂建设特指冶金工厂的建造。这不仅包括工厂所在地的施工和设备安装工作，还包括建一座冶金工厂并得到产品全过程的工作组合。

2.1.1 建设程序

冶金工厂建设所包括的一系列工作按照规定的时间和空间形成一定的过程，称为冶金工厂的建设程序，或者称工作程序。

冶金工业是国民经济发展中的重要支柱产业，它涉及国家自然资源和冶金原料的合理利用，以及冶金产品在工业、农业、国防建设、环境保护等领域的供需平衡和优化配置。另一方面，冶金工厂的建设是一个较为复杂的过程，与国家或地方的许多部门、行业、单位有着紧密的联系，必须经过一个特定的程序才能建设成一个冶金工厂。

经过不断实践和总结，我国已形成一套比较完整、符合客观实际、系统性较强的建设程序。

由于冶金工厂的原料、产品（以及它的规格）、规模、所在地不同，项目（冶金工厂未建成之前，往往称它为项目或工程）来源、背景、建设资金等因素的差异，都会使它的建设程序产生部分变动。适合于大中型冶金工厂、国家投资或贷款、符合现实、比较典型的建设程序如下：

项目建议书→批准立项→厂址选择→可行性研究→批准→总体设计→询价与报价→基础设计（初步设计）→批准→工程设计及设备材料采购→土建施工→设备管道安装→机械完工→单机试车→联运试车→原料试车（冶金投料）→试生产→工厂考核→工厂验收交付

使用。

2.1.2 建设中的执行者

2.1.2.1 主要执行者

建设过程中各项工作的主要执行者（单位或部门）如下：

(1) 政府及相关部门。包括国务院、纪委、发改委、住建部以及金融、环保、消防、交通、国土、供电、供水等部门。

(2) 建设单位（业主）。包括工厂（企业）法人及法人机构、建设指挥部以及下属的各种机构。

(3) 咨询单位。咨询单位是指经政府有关部门批准或经认定具有相应咨询资格、资质等级的企业。

(4) 设计单位。设计单位是指经政府有关部门批准或经认定具有相应资质等级的一个或多个设计院（所）、设计研究院（所）或其他设计机构。

(5) 施工单位。施工单位是指具有冶金工厂施工安装资质等级，拥有一定数量的专业技术人员和工人，并有必要的施工机具和设备的一个或多个建筑安装公司。

(6) 工程总承包单位。工程总承包单位是指能够履行建设单位、设计单位、施工单位、开车单位相应职责，对建设全过程实施全面管理的公司或企业，一般称为工程公司。

工程设计建设的前期工作，一般由具有相应资质等级的咨询单位或设计单位或工程公司承担。咨询单位不能承担设计、施工、安装等工作。

2.1.2.2 设计单位与工程公司的主要区别

工程公司与设计单位的工作性质不同，主要差别如下：

(1) 工程公司可以履行设计单位全部职能，而设计单位只能履行工程公司的部分职能。

(2) 工程公司除完成工程咨询和设计工作外，还可以承担设备材料采购、施工安装管理和试车开车管理，而多数设计单位很难完成后面这部分工作。

(3) 工程公司一旦承担一个冶金工厂的建设，即可代表建设单位全部管理和执行建设程序，协调整个建设过程，对质量、工期、费用三方面进行控制，最后将工厂的"钥匙"交给建设单位，而设计单位是无法做到的。

（4）工程公司在建设中所起的作用，确定了它将与建设单位、施工单位、开车单位甚至政府有关部门发生接口关系，而设计单位一般仅与建设单位发生关系；由于工程公司在建设过程中所起的作用、职能、工作范围等方面与设计单位不同，企业自身的管理体制、经营模式、专业设置等方面也有所不同。

2.2 冶金工厂设计的基本知识

2.2.1 基本概念

将一种或多种冶金原料经过一个特定的过程得到另一种或多种冶金原料（或产品），这个特定的过程称为工艺过程。工艺过程中所包括的冶金或物理反应、反应的空间（设备、管线）和反应的控制等方面的技术称为工艺技术。

设计阶段是指按照建设程序的需要，将工厂设计过程按时间顺序分为几个阶段，它们的划分及关系如图 2-1 所示。

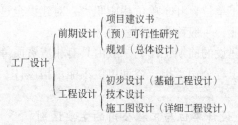

图 2-1 工厂设计的各阶段

各个设计阶段完成工作的内容不同，所产生设计成品的内容及使用对象也不同，必然要通过不同的过程和手段才能完成，这就是所谓设计程序和方法。设计工作基本程序框图如图 2-2 所示。

专业设置是指工厂设计涉及许多专门的学科，如冶金工程、冶金机械、工程力学、自动化控制、动力工程、土木建筑、工程材料、总图规划、工程概算、环境保护、安全卫生等，设计单位根据工厂设计的需要将这些学科重新划分，设立为各个不同的专业。两个不同专业衔接处称为接口；界面之间的信息传递称为条件。

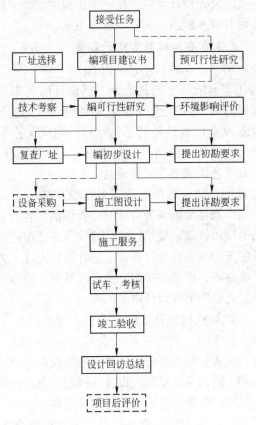

图 2-2 设计工作基本程序框图

2.2.2 设计单位专业设置

2.2.2.1 专业设置

设计单位的专业设置可分为主体专业和辅助专业两大类。主体专业包括炼铁工艺（含炼铁、炼钢、铁合金、重金属、轻金属、稀有金属、贵金属、稀土等工艺）、烧结球团、储运、压力加工、工业炉等专业；辅助专业包括设备、土建、电力、电信、自动化仪表、给排水、总图运输、燃气、热气、环境保护、采暖通风、机修、检（化）验、安全和工业卫生等专业。

除主体专业之外，设计单位向建设单位提供冶金工厂建设全过程服务，另外还设有技术经济、工程经济等专业。

2.2.2.2 主体专业和辅助专业的职责

主体专业和辅助专业的职责分述如下：

（1）冶炼工艺。冶炼工艺是冶金工厂设计的龙头专业，负责冶金工厂工艺流程的选择和确定，同时进行冶金工厂的能量衡算、物料衡算和定型设备及非标准设备的工艺计算；完成工艺平、断面配置图，冶金炉砌砖，设备（含阀门）安装图，工艺非标准设备制造图，设备订货表以及工艺说明书等设计成品。

（2）烧结球团。烧结球团专业是根据粉矿或精矿、其他粉状冶金物料和还原剂以及在冶炼各种合金时需要添加的各种有色金属和高纯度稀有金属的性质，确定烧结、球团或块压工艺流程；负责物料衡算和定型设备的选型及非标准设备的工艺计算；完成工艺流程图，工艺平、断面系统总图，设备连接图，设备安装图，设备订货表，各车间配置图以及工艺说明书等设计成品。

（3）贮运。贮运或机械化运输专业负责原料准备厂（一般简称为原料厂或者原料车间）的贮矿场或者料场、贮矿槽、破碎筛分设备、混匀设备、带式运输机系统、各种仓库等设施的设计；完成工艺流程图，工艺平、断面系统总图，设备连接图，设备安装图，设备订货表，各车间配置图以及工艺说明书等设计成品。

（4）压力加工。压力加工就是把符合要求的铝合金锭、铜合金锭、钢锭或连铸坯按照规定的尺寸和形状加工成铝型材、铜材、钢材。压力加工专业负责确定工艺流程，定型设备的选型及非标设备的工艺计算；完成工艺平、断面配置图，设备安装图，设备订货表以及工艺说明书等设计成品。

（5）工业炉。工业炉专业负责对加热炉、燃烧炉炉型，燃烧，装出料方式及标准设备和非标准设备进行选择确定；进行燃料燃烧计算和热平衡计算；完成车间平、断面配置图，炉体总图以及设备订货表。

(6) 设备。设备专业根据主体专业的设计委托任务,进行非标准设备(主要是传动设备,通常指冶金炉、机械传动类等设备)的设计计算,尤其是设计单位拥有专利技术的设备设计;完成设备制造版图、地脚螺栓一览表、非标设备防腐要求。

(7) 土建。土建专业在总图和设备布置的基础上,根据当地气象、地质等自然条件,负责冶金工厂厂房、框架结构、操作平台、特殊结构、各类设备基础、钢结构、壳体、大直径管道的设计,并根据工艺物料的性质,对建筑物的防腐进行设计,也负责厂房的建筑设计;完成建筑施工图,建筑、结构设计说明,桩位布置图,基础布置图,建构筑物施工图,钢结构施工图,外管架结构以及基础图。

(8) 电力。根据冶金工厂各个装置和设备的用电条件,电力专业进行电气设备的选择、配置、电力传动和安装设计,以及全厂的照明、防雷电设计,同时也负责冶金工厂危险区域的划分;完成电气系统图、设备布置图、电缆敷设图、设备安装图、设备表、危险区划分图、防雷接地系统图、装置动力配线图、照明系统平面图以及原理接线图。

(9) 电信。电信专业负责冶金工厂电话、通信网络、报警系统和工业电缆的工程设计。电信专业往往可以与自控专业合并,提高工厂综合控制水平,完成电信系统图、电信用户表、设备平面布置图、电信配线图、安装图以及接线图。

(10) 自动化仪表。在工艺控制方案的前提下,自动化仪表专业负责冶金工厂的计量、仪表、自动控制设施的设计。随着冶金工业自控技术水平的发展,冶金工厂对自动控制的要求越来越高,自动控制可以达到的水平也越来越高。一个冶金工厂是否先进,是否现代化,一方面要看工艺的先进性和环保的水平,另一方面还要看自动控制的手段和方法。自动化仪表专业还要完成仪表数据表、控制室布置图、仪表盘及操作台布置图、仪表汇总表、回路图、供电及接地系统图、仪表安装图、仪表位置图、供气系统图或供气空视图、仪表安装材料表以及电气材料表。

(11) 给排水。根据厂区的自然环境和总图要求,给排水专业负责进行冶金工厂中的取消工程、净水工程、软水工程、输配水工程、排水工程、污水（煤气洗涤水、冲渣水、酸碱废水、重金属废水、含油废水等）处理工程、循环冷却工程以及消防水的设计；完成厂内外给排水平面布置图及水量平衡图、给排水管道纵断面图或空视图、管道仪表流程图、外部管道平面布置图及空视图、室内给排水管道平面布置图及空视图、给排水设备及综合材料一览表。

（12）总图运输。根据大区的地形地貌和全年主导风向等因素，总图运输专业进行冶金工厂各个装置及建筑物的布置、规划；在此基础上负责厂区总图管理，铁路、公路交通运输的设计；同时要综合研究全厂外管线走向的合理性和经济性；完成地理及区域位置图，总平面布置图，竖向布置图，土方工程图，厂区道路布置图，路面结构图，管道综合图，围墙及大门施工图，厂区绿化平面图，防、排洪工程图，挡土墙施工图。

（13）燃气。燃气专业负责煤气洗涤、煤气供应、燃油供应、氧气及氮气供应等设施的设计；完成工艺系统流程图、燃气平衡图、设备布置及安装图、非标准设备制造图、设备及材料表。

（14）热力。热力专业负责鼓风机站、蒸汽及压缩空气供应、余热锅炉及汽化冷却系统、煤制备等设施的设计，进行全厂蒸汽平衡，确定全厂的供汽参数等级，并制定全厂热能综合利用的设计原则和节能措施评述；完成蒸汽、压缩空气平衡图，设备一览表，管道仪表流程图，设备布置及安装图，管道空视图，综合材料表。

（15）环境保护。根据生产工艺过程的"三废"排放状况，环境保护专业综述各专业环保措施和工艺控制原理、工厂绿化、环境监测、环境保护管理机构及劳动定员、环保和综合利用投资；在可行性研究和初步设计中，完成环境保护篇章说明书的编写和主要环保设施的流程或系统图，施工图阶段一般不参与设计。

（16）采暖通风。采暖通风专业负责采暖、通风（空调）、除尘、气力输送等设施的设计；完成采暖通风的设备一览表、设备布置图、管道空视图以及综合材料表。

（17）机修。机修专业负责备品、备件的供应和车间机修设施的设计；完成车间配置图、设备安装图、非标准设备制造图以及设备材料表。

（18）检验。检验专业负责试验室、化验室的设计；完成试验室、化验室配置图，非标准设备（化验台、架）制造图以及化验设备、药品、试剂一览表。

（19）安全和工业卫生。安全和工业卫生专业负责综述工艺设备及生产过程中可能发生的事故及应采取的安全技术措施，对生产过程中的尘、毒源、放射性、噪声、振动等危害的预防措施，安全与工业卫生的管理机构及医疗防范设施，安全与工业卫生的预期效果；在可行性研究和初步设计中，完成安全和工业卫生篇章说明书的编写，施工图阶段一般不参与设计。

（20）技术经济。技术经济专业负责对工程项目的费用和效益估价，进行产品成本分析、经济效果计算及评价、影响经济效果的因素分析（盈亏分析及敏感性分析），并得出评价结论；在可行性研究和初步设计中，完成技术经济篇章说明书的编写，施工图阶段一般不参与设计。

（21）工程经济。工程经济专业负责概（预）算，提供设备单价、指标及汇总概（预）算；在可行性研究和初步设计中，完成概（预）算篇章说明书的编写，施工图阶段完成工程的总预算及单项预算的汇总，编制预算书。

当工程中采用计算机控制时，由计算机专业负责硬件的选用和应用软件的编制。

由此可见，设计单位内部的专业分工相当细，优点是能充分利用各专业的特长，有利于提高设计质量；缺点是专业必须配套才能进行设计，而且专业之间的关系比较复杂，设计周期较长。

2.2.3　专业之间的关系

冶金工厂的设计是一个系统工程，设计单位是由各个不同的专业组成的一个有机整体，虽然各专业的分工不同，但相互间都有非常密切的内在联系，而且这种联系在设计过程中至关重要。各专业必须互相协调、合作，才能保证冶金工厂的设计整体往前推进，才能保证工程设计质量。

2.3 前期设计

2.3.1 基本概念

前期设计阶段的基本概念如下:

(1) 前期设计。前期设计主要是收集设计基础数据,编制项目建议书、可行性研究报告、厂址选择报告和对外的技术询价书,完成规划(总体)设计。

(2) 项目建议书。项目建议书是在对项目进行初步调查、预测、分析后,描述工程项目的建设条件、生产规模与产品方案、生产工艺技术、环境保护、投资与效益等大致设想,并用于向政府部门提出设想的技术报告书。

(3) 立项。立项是指政府部门对项目建议书的初步决策。

(4) 厂址选择。厂址选择是指设计单位协同建设单位和政府部门进行工厂场地踏勘,主要调查当地的水文地质、环境状况、交通运输、社会依托等自然状况,经过多个场地的技术与经济比较后,形成报告,供政府部门决策参考。

(5) 可行性研究。可行性研究就是根据工程项目的要求,在对影响拟建项目的各种因素进行认真的调查研究和深入分析的基础上,提出可能采取的几种建设方案,加以比较、论证,说明其在建设条件上是否具备、技术上是否先进可靠、经济上是否真实合理有利、社会环境上是否符合标准的技术研究报告。

(6) 项目批准。项目批准是指政府部门对可行性研究报告的批复意见。一个项目如果得到项目批准,就意味着项目进入工程设计阶段,设计单位即可组织人员进行工程的初步设计。

2.3.2 项目建议书

2.3.2.1 项目建议书的作用

项目建议书作为基本建设程序最初阶段的工作,是对建设项目的轮廓设想和立项的先导,是为建设项目取得建设资格而提出的建议,并且作为开展可行性研究的依据。它用于上报政府部门,使其对工程项目做出初步决策。

2.3.2.2 项目建议书的要点

项目建议书是由法人单位根据国民经济和社会发展长远规划，国家的产业政策，行业、地区发展规划以及国家的有关投资建设法规、规定编制的，初步分析建设项目的必要性，包括生产规模、产品方案、技术路线、厂址条件、投资估算和资金筹措以及经济效益初步分析，对项目进行建议综述和预评价。

2.3.2.3 项目建议书的编制程序及基本内容

A 编制程序

项目建议书的编制程序如图2-3所示。

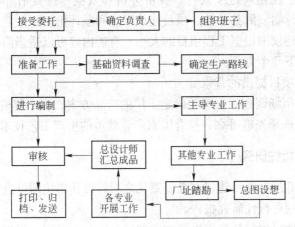

图2-3 项目建议书编制程序示意图

B 基本内容

项目建议书的基本内容如下：

（1）从国家、地区、部门角度论述建设项目建设的目的和意义，在资源利用、区域布点、经济发展，特别在市场需求方面以及人民生活改善、企业改造等方面的必要性、迫切性。

（2）从原燃料、生产技术、总图运输、公用工程、当地协作条件、资金筹措等方面综合阐述建设的可能性与有利条件。

（3）当需要引进国外技术和设备时，说明该技术的国内外概况和差距以及引进的理由和方式。

(4) 叙述主要的技术经济指标,包括生产规模、原燃料及动力消耗、"三废"排放量、运输量、定员、占地、总投资、总产值、产品工厂成本、投资回收期、贷款偿还年限、投资利税率、年利税总额以及年销售收入。

(5) 叙述国内外主要国家或地区近期和远期对产品的需求量,国内同类产品近几年的生产能力和产品进出口情况估计,综合说明本项目产品的销路预计情况和竞争能力。

(6) 叙述原材料的供应情况、厂址概况、主要技术方案、生产路线、供排水、供电、供热、环境保护、项目的进度安排、进度安排的原则、工程建设进度安排、经济分析和效益、投资估算、资金筹措、投资计划、财务效益、项目建议综述和预评价。

项目建议书根据工程项目的大小,有的内容可以适当简化,重点应放在以下几个方面:

(1) 项目提出的背景。

(2) 市场调查,正确地确定工厂的产品方案、生产规模。

(3) 选择先进可靠、符合国家产业政策的生产工艺技术。

2.3.3 可行性研究

政府部门对项目建议书批复意见之后,设计单位即可进行可行性研究并编制可行性研究报告。

可行性报告包括鉴别投资方向的机会可行性研究、初步选择项目的预见可行性研究以及拟定项目是否成立的技术经济可行性研究(一般所称的可行性研究),这三种研究的精确度,反映在经济上的结论分别为30%、20%和10%。对于工程项目,通常要在项目建议书编制之前进行预可行性研究,设计单位通常是在得到项目建议书的批复之后,才进行可行性研究。可行性研究报告要对市场预测、工厂厂址、工厂规模和工艺技术方案进行比较,说明公用工程的配置方案,提出"三废"治理的措施,并在上述基础上做出工厂组织、劳动定员、建设工期、实施进度、投资估算、资金筹措、成本效益分析及项目评价,从而得出拟建工程是否应该建设以及如何建设的基本认识。

2.3.3.1 可行性研究的作用

可行性研究既充分研究建设条件，提出建设的可能性，同时又进行经济分析评价，提出建设的合理方案，是建设项目建设前期非常重要的工作。它既是项目的起点，又是以后各阶段工作的基础，作用如下：

（1）可作为政府部门和业主对工程项目批准的最终决策和保证投入的资金能发挥最大效益所提供的科学依据。

（2）是进行初步设计，向银行或金融部门申请贷款，业主与有关部门签订合作协议的依据。

（3）是技术开发，设备引进，安排科学研究，国家或地区编制长远规划的重要参考资料。

2.3.3.2 可行性研究报告的编制程序和基本内容

A 编制程序

可行性研究报告的编制程序如图 2-4 所示。

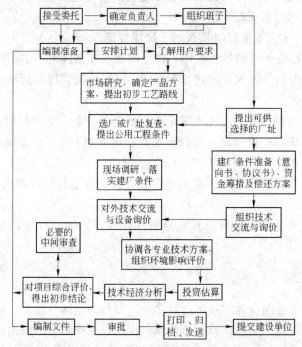

图 2-4 可行性研究报告编制程序示意图

B 基本要求

可行性研究报告根据国民经济发展的长远规划和地区发展规划、行业发展规划的要求，结合自然和资源条件，对建设项目在技术、工程和经济上的先进性和合理性进行全面分析论证，通过多方案比较，提出评价意见。基本要求如下：

(1) 是否符合国家的建设方针和投资优先方向；
(2) 能否与现有企业的生产技术协调配合；
(3) 产品是否满足市场需求，有足够的销售市场；
(4) 能否得到足够的投入物；
(5) 引进设备的水平、国内配套设备和操作技术水平能否与之相适应；
(6) 设计方案和投资计划是否合理；
(7) 贷款能否按期偿还；
(8) 财务收益率和经济效益率是否高于规定折现率；
(9) 项目有无较大的风险；
(10) 多方案比较时是否属于最佳方案。

由于建设的基础各种各样，建设的要求和条件也不尽相同，可行性研究报告的具体内容也就各不相同。可行性研究报告的重点应放在以下几方面：

(1) 市场调查，正确地确定工厂的产品方案、生产规模；
(2) 选择先进可靠、符合国家产业政策的生产工艺方案；
(3) 搞好综合利用和"三废"治理；
(4) 搞好综合平衡，落实建厂条件，制订工程建设的实施计划，控制工程工期；
(5) 进行经济核算，开展分析和比较，评价工程建设的最佳经济效果。

2.3.4 规划

规划为前期设计的基本内容之一，可分为全国性规划、区域性规划和企业规划。全国性或区域性规划也称行业规划，一般由国家发改委、省（市、区）发改委或主管部门主持，设计单位参加。冶金行业规划工作的任务是根据国家或地区国民经济对冶金产品的需要、资源条件和建厂条件，合理地部署与安排冶金工厂的建设计划，并初步确定冶金工厂的生产规模与产品方案，建设进度，原燃料和水、电供应与产品销售等主要协作关系。冶金行业规划工作的目标是使冶金工业的布局对整个国民经济产生最好的经济效果，并使冶金工业的发展同有关部门互相协调、配合，以保证国民经济有计划按比例地发展。在规划工作中，为了比较各个不同方案的优缺点，常常需要做出包括煤、电、运等各部门的综合经济比较。

企业建设规划按其内容和深度的不同，可以分为总体规划（或长远规划）和详细规划（或近期规划）。总体规划的时间期限一般都在5年以上，其主要任务是确定企业的性质、发展方向和规模，安排各项建设的总体布局，制定实施规划的步骤和措施。详细规划则是总体规划的深化和具体化，是实施总体规划的阶段规划，因此也是总体规划的组成部分，其时间期限一般都在5年以下。

企业建设规划主要根据地理环境、历史情况、资源条件、现状特点，并结合国民经济长远规划和区域规划进行编制。单独建设的矿山、选矿厂、冶炼厂、加工厂的规划应根据企业建设总体规划所制定的原则和要求进行编制。

企业建设规划报告是企业建设规划工作的重要文件和成果。企业建设规划工作的内容和深度可根据工程项目、基础资料完备程度以及规划任务要求的不同而不同。

企业建设规划报告的内容如下：

（1）概况（主要叙述任务的来源和依据、企业的交通和地理位置、企业现状、规划工作的进行情况等）；

（2）矿产资源，原材料供应及水、电、交通等建设条件；

（3）规划意见（包括规模、产品方案、厂址、工艺流程、生产和辅助设施、产品、劳动定员、基建投资、经济效益等）；

（4）建设计划安排的初步建议或意见；

（5）存在的问题及建议；

（6）必要的图纸。

2.3.5 厂址选择

2.3.5.1 厂址选择的重要性

厂址选择就是选择工厂的建设地点。厂址选择是工业基本建设的一个重要环节，冶金企业的建设都需要进行厂址选择。冶炼厂（炼铁、炼钢、铁合金、铜铅锌冶炼厂等）、轧钢厂、铝电解厂、铝加工厂、铜加工厂及其附属企业，如碳素制品厂、工业硅厂、耐火材料厂等，都要进行厂址选择，确定建设地点。

厂址选择工作的好坏对工厂的建设进度、投资数量、经济效益、环境保护及社会效益等方面都会带来重大的影响。从宏观上来说，它是实现国家长远规划，决定生产力布局的一个基本环节。从微观上来看，厂址选择又是进行项目可行性研究和工程设计的前提。因为只有项目的建设地点确定后，才能比较准地估算出项目在建设时的投资和投入生产后的产品成本，也才能对项目的各种经济效益进行分析计算，以及对项目的环境影响、社会效益等进行分析，最终得出建设项目可行的结论。

在项目建议书、建厂条件调查、企业规划、可行性研究，甚至初步设计阶段工作中，都不同程度地涉及厂址的选择问题。一般来说，厂址选择安排在可行性研究阶段较为适宜。

2.3.5.2 厂址选择应遵循的基本原则

根据我国国情，选厂工作是在长远规划的指导下，在指定的一个或数个地区（开发区）内选择符合建厂要求的厂址。在选择厂址时，应遵循以下基本原则：

(1) 厂址位置必须符合国家工业布局和城市或地区的规划要求，尽可能靠近城市或城镇原有企业，以便于生产上的协作，生活上的方便。

(2) 厂址宜选在原料、燃料供应和产品销售便利的地区，并在储运、机修和生活设施等方面具有良好协作条件的地区。

(3) 厂址应靠近水量充足、水质良好的水源地，当有城市供水、地下水和地面水三种供水条件时,应当进行经济技术比较后选用。

(4) 厂址应尽可能靠近原有交通线(水路、铁路、公路),即应有便利的交通运输条件,以避免为了新建企业而修过长的专用交通线,增加新企业建厂费用和运营成本。在有条件的地方,优先采用水运。对于有超重、超大或超长设备的工厂,还应注意沿途是否具备运输条件。

(5) 厂址应尽可能靠近热电供应地,一般来说,厂址应该考虑电源的可靠性,并应尽可能利用热电站的蒸汽供应,以减少新建工厂在热力和供电方面的投资。

(6) 选厂应注意节约用地,不占或少占良田、好地、菜园、果园等。厂区的大小、形状和其他条件应满足工艺流程合理布置的需要,并考虑发展的可能性。

(7) 选厂应注意当地自然环境条件,并对工厂投产后对环境可能造成的影响做出评价。工厂的生产区、排渣场和居民区的建设地点应同时选定。

(8) 厂址应远离低于洪水水位或在采取措施后仍不能确保不受水淹的地段;厂址的自然地形应有利于厂房和管线的布置、内外交通联系和场地的排水。

(9) 厂址附近应有生产污水、生活污水的可靠排放地,并应保证不因新厂建设致使当地受到新的污染和危害。

(10) 厂址应不妨碍(甚至破坏)农业水利工程,应尽量避免拆除民房或建、构筑物,砍伐果园和拆迁大批墓穴等。

(11) 厂址避免布置在地震断层带地区和基本烈度为9度以上的地震区;土层厚度较大的Ⅲ级自重湿陷性黄土地区;易受洪水、泥石流、滑坡、土崩等危害的山区;有卡斯特、流沙、游泥、古河道、地下墓穴、古井等的地质不良地区;有开采价值的矿藏区;对机场、电台等使用有影响的地区;有严重性放射物质影响的地区及爆破危险区;国家规定的历史文物,如古墓、古寺、古建筑等地区;园林风景区和森林自然保护区、风景游览地区;水土保护禁垦区和生活饮用水源第一卫生防护区;自然疫源和地方病流行区。

2.3.5.3 准备工作阶段的工作内容和选厂工作组织

A 组织工作班子

在我国，可行性研究一般采取主管部门下达计划或建设单位向设计（咨询）单位委托任务的方式进行。根据国家规定，负责编制可行性研究报告的单位要经过资格审查并对工作成果的可靠性和准确性承担责任。因而，选厂工作应由经过批准的设计（咨询）单位负责。为了做好这一工作，对主持和参加选厂工作的人员的政策和技术水平应有较严格的要求。

选厂工作班子应在取得国家有关部门批准的项目建议书（或相当文件）后组建，一般由若干个主要专业——工艺、土建、给排水、供电、总图运输和技术经济等的专业人员组成，并由项目总负责人主持工作。

以往我国选厂工作大多采取由主管部门主持，设计（咨询）部门参加的形式。由于选厂工作涉及面很广，设计（咨询）单位承担这项工作时，必须主动争取业务主管部门、地方政府和建设单位的密切配合和支持，充分听取他们的意见并吸收其中的合理部分，才能将这项工作做好。

B 拟定选厂指标

选厂指标的主要内容如下：

（1）拟建工厂的产品方案、产品品种和规模，主要副产品的品种和规模等。

（2）基本的工艺流程、生产特性。

（3）工厂的项目构成，即主要项目表。

（4）所需原燃料的品种、数量、质量要求、供应来源或销售去向及其适用的运输方式。

（5）全厂年运输量（输入输出量）、主要包装方式。

（6）全厂职工人数估计、最大班人数估计。

（7）水、电、汽等公用工程的耗电及其主要参数。

（8）"三废"排放数量、类别、性质和可能造成的污染程度。

（9）工厂（含生产区、生活区）的理想总平面布置图和它的发展要求，匡出拟建工厂的用地数量。工厂理想总平面布置占地应在主要项目表确立后，由选厂组一起协力，先匡算车间（装置）、公用工程及辅助生活设施等，后匡算建筑总面积。

（10）其他特殊要求，如工厂需要的外协项目、洁净工厂的环境要求、需要一定的防护距离的要求等。

C　收集设计基础资料并编写提纲

为满足新建工程对设计基础资料的要求，现场工作阶段必须做好设计资料的收集工作。如果有条件，设计基础资料的大部分应在现场踏勘之前，由建设单位提供，这样可以使现场工作更有针对性，从而提高工作效率。

2.3.5.4　现场工作阶段的工作内容

准备工作完成后，开始现场工作。现场工作的目的是落实建厂条件，其工作主要有以下几项。

（1）向当地政府和主管部门汇报拟建工厂的生产性质、建厂规模、工厂对厂址的基本要求、工厂建成后对当地可能的影响（好的影响和可能产生的附加影响），听取他们对建厂方案的意见。

（2）根据当地推荐的厂址，先行了解区域规划有关资料，确定勘探对象，为现场勘探做进一步的准备。

（3）按收集资料提纲的内容，向当地有关部门一一落实所需资料并进行必要的实地调查和核实。

（4）进行现场勘探。对每个现场来说，现场勘探的重点是在收集资料的基础上进行实地调查和核实，并通过实地观察和了解，获得真实和直观的形象。现场勘探应该包括如下内容：

1）勘探地形图所表示的地形、地物的实际状况，看它们是否与所提供的地形图相符，以确定如果选用，该区是否要重新进行测量，并研究厂区自然地形的改造和利用方式以及场地原有设施加以保留或利用的可能；

2）研究工厂在现场基本区划的几种可能方案；

3）研究确定铁路专用线接轨点和进线方向、航道和建造码头的适宜地点、公路的连接和工厂主要出入口的位置；

4）实地调查厂区历史上洪水淹没的情况；

5) 实地观察厂区的工程地质状况；

6) 实地勘探工厂水源地、排水口,研究确定可能的取水方案和污水排放措施；

7) 实地调查热电厂及厂外各种管线的可能走向；

8) 现场环境污染状况的调查；

9) 周围地区工厂和居民点分布状况和协调要求；

10) 各种外协条件的了解和实地观察。

在勘探中,应注意核对所汇集的原始资料,那些无原始资料的项目,应在现场收集资料并注意随时做好详细记录。一般应勘探两个以上厂址,经比较后择优建厂。

2.3.5.5 方案比较和选厂报告

在现场工作结束后,可开始编制选厂报告。项目总负责人应组织选厂工作小组人员在现场工作的基础上,选择几个可供比较的厂址方案,进行综合、分析,对各方面的条件进行优劣比较后得出结论性意见,推荐出较为合理的厂址,并编写报告和绘制拟选厂址方案图。厂址选择报告应包括下列内容：

(1) 选厂的根据、新建厂的工艺生产路线、选厂工作的经过。

(2) 建厂地区的基本概况。

(3) 厂址方案比较。

1) 厂址技术条件比较。

①厂区基本情况；

②交通运输；

③给排水；

④供气；

⑤供电。

2) 建设费用及经营费用比较。

①场地开拓费用；

②交通运输设施费用；

③除尘、管道、净化设施费用；

④污水处理设施、管道费用；

⑤动力线路、设备、增容费用；

⑥住宅及福利设施费用；
⑦临时住宅建设费用；
⑧建材、大型设备运输费用；
⑨基础处理费用；
⑩其他建设期间发生的工程费用。

(4) 对各个厂址方案的综合分析和结论。

(5) 当地政府和主管部门对厂址的意见。

(6) 附件。包括区域位置规划图（1∶10000 或 1∶50000），内容应包括厂区位置、工业备用地位置、生活区位置、水源和污水排出口位置、各类管线及厂外交通运输路线规划、码头位置、铁路专线走向方案及接轨站位置等，企业总平面布置方案示意图（1∶500 或 1∶2000），各项协议文件。

2.4　工程设计

根据已批准的可行性研究报告，进一步结合建厂条件，在满足安全、质量、进度以及投资控制的前提下，开展工程的设计工作，直到将设计成品交付现场施工，这期间的设计工作称为工程设计。工程设计的基本任务如下：

(1) 提出工程设备、材料、供订货用的图纸和资料，必要时绘制供制造厂订货用的或给施工现场加工用的非定型设备施工图纸。

(2) 提出工程有关的设计规定、说明和完整的图纸资料，以满足现场施工安装的需要。

(3) 提出供工程正常开停车和事故处理的操作要点。

(4) 提出工程修正总概算。

按照国内设计单位目前通行的做法，可把工程设计划分为初步设计、技术设计和施工图设计三个阶段。我国的设计单位目前按这种做法开展设计工作。

2.4.1　设计基础资料

在正式开展工程设计之前，必须收集设计基础资料，设计基础资料是进行设计工作的基础。设计资料的质量直接影响设计的质量，资料不准确、不完整或不可靠,将导致不良后果,如引起设计修改,甚至返工重做,或造成施工和生产的困难,导致建设上的失误。冶金工厂设计工作所必需的设计基础资料,大体包括以下各项:

(1) 建厂可行性研究的有关资料;
(2) 可行性研究的批准文件;
(3) 原料资源地质报告或原料供应协议及有关技术资料;
(4) 厂址选择报告或现场的有关技术文件;
(5) 厂区工程地质报告;
(6) 土地征用文件;
(7) 厂区及矿山地形图(1:1000或1:500)、区域地形图(1:10000或1:50000);
(8) 水源水质资料;
(9) 供电协议书及电源资料;
(10) 厂外道路连接协议书及线路地形图;
(11) 原煤供应协议及煤质资料;
(12) 气象资料;
(13) 环境分析报告;
(14) 有关企业协作问题的协议;
(15) 建厂地区地震烈度和最高洪水水位资料;
(16) 地方材料的种类、规格和价格资料等。

建厂条件不同,设计基础资料的具体内容也有所不同。为了保质保量如期完成冶金工厂的设计任务,必须重视设计基础资料,使之正规化和完整化。对冶金工厂设计基础资料的具体要求,应参照上列项目,结合实际情况,由建设单位和设计单位共同商定。

2.4.2 初步设计

初步设计阶段是研究和解决工厂设计各项重大原则和方案的设计阶段。通过初步设计,要确定工厂实际规模和产品品种,确定工艺流程和主要设备,确定各种设施的主要方,确定概算投资额。简言之,就是要做到"六定",即定规模、定设备、定方案、定总体、定定员、定投资总额。这样的初步设计,才能满足主要设备订货、圈定征地范围、进行场地整平、安排培训工人、编制施工组织设计等施工和生产的准备工作的要求。

初步设计的设计深度，应该达到上述"六定"的要求。这样的设计深度，不但是开展施工和生产准备工作所必需的，同时也是指导下阶段施工图设计工作所必需的。"六定"的初步设计深度是适当的。

初步设计文件必须遵循国家规定的基本建设程序，必须根据上级下达的设计任务书进行编制，必须贯彻执行国家和上级机关制定的有关方针政策、规程、规范和标准，必须具备设计条件和基础资料。初步设计文件的内容和编制如下所述。

2.4.2.1 设计说明书

设计说明书应按专业分别编写。设计说明书包括以下内容：

(1) 综述。要说明设计依据、建设条件、设计原则、设计范围、主要设计内容、存在的主要问题以及主要技术经济指标。

(2) 总平面设计。要说明工厂的区域位置和自然条件、土地使用情况、总平面布置原则和方案、工厂的运输量和运输方式以及防洪、绿化等有关问题。

(3) 矿山设计。当设有自采矿山时，要说明矿区的变通位置和基本情况、矿区地质构造和矿床特征、矿山贮量和矿石质量、矿山开采运输方案的选择和制定。

(4) 工艺设计。要说明原燃料的来源和质量、冶金炉炉型、产品品种、生产流程和主要工艺设备的选择与计算、物料或金属平衡表、贮存方式和贮存天数、采取的环保设施、对周围环境的影响以及生产车间的工作制度等。

(5) 土建设计。要说明建设场地的自然特征，土建设计的原则，结构选型，建筑处理，主要的规格、型号或标号，拟定的施工条件以及汇总全厂定员，并据以计算有关生活设施面积等。

(6) 电气设计。要说明供电电源、负荷计算、电力及照明的线路、变配电站、车间电力设备和控制、照明以及防雷接地等措施。

(7) 给排水设计。要说明水源、工厂用水量、取水方式、水质处理、供水系统和设备、排水及污水处理、管材及管线的敷设方法等。

(8) 其他。如采暖通风、动力、自动化、机修等也要简要地说明设计所涉及的主要内容。

2.4.2.2 设计图纸

初步设计一般包括如下图纸：
(1) 区域位置图；
(2) 厂区总平面图（有自采矿山时还要有矿区总平面图）；
(3) 全厂生产车间平面布置图、剖面布置图；
(4) 建、构筑物特征一览表；
(5) 其他专业主要的系统图、总体图等。

2.4.2.3 设备表

设备表应按专业分别填写。在设备表中要写清楚主要设备的型号、规模、技术性能、台数、重量、来源或设备图号等。附属设备由于设计深度所限，可只填型号、台数或重量以满足编制概算的要求，详细的规格在施工图设备表中填写。初步设计各专业的设备表要集中起来，装订成册，作为初步设计文件之一。

2.4.2.4 概算书

概算书包括编制说明和概算表格两部分。在"编制说明"中，应包括概算表格分总概算表、综合概算表和单项工程概算表。在作为初步设计文件的概算书中，只列入总概算表和综合概算表，而单项工程概算表只作为存查的草稿，不列入打印的概算书中。这种做法既满足要求又便于使用，还减少了编制和打印的工作量。

此外，初步设计应按可行性研究报告所确定的主要设计原则和方案，如厂址、规模、产品方案、开采方法、主要工艺流程、主要设备选型、主要建筑标准等，一般不应有较大的变动。

当设计基础资料及其他重要情况发生很大变化，致使原确定的重大工艺方案、设计原则不能继续成立，或初步设计概算突破可行性研究投资估算较大时，必须在充分的技术经济综合分析论证的基础上申明原因，并经原审批可行性研究的主管部门批准，方可修改。编制初步设计的程序示意图如图2-5所示。

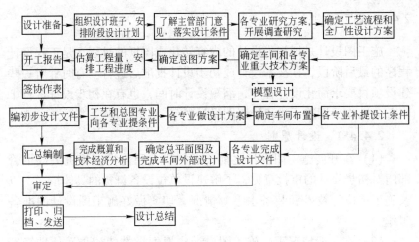

图 2-5 编制初步设计的程序示意图

2.4.3 技术设计

根据国家基本建设程序的有关规定，对于大中型企业设计，一般采用两阶段设计，即初步设计和施工图设计。在个别情况下，对于特大规模的工程项目，矿石性质或冶炼工艺极为复杂的工程项目，采用新工艺、新设备而且有待试验研究的新开发工程项目，某些援外的工程项目，以及极为特殊的工程项目，可以根据工程项目的具体条件、上级机关或主管部门要求，在初步设计与施工图设计之间增加一段技术设计。一般情况下，为了缩短建设工期和设计周期，均将初步设计与技术设计合并为扩大初步设计阶段或初步设计。

技术设计的目的在于，根据批准的初步设计，对设计中比较复杂的项目、遗留问题或特殊需要，通过更为详细的设计和计算，进一步研究和阐明其可靠性和合理性，准确地决定各项主要的技术问题。技术设计的范围应与初步设计中有关范围的内容基本一致。技术设计的深度原则上与初步设计的要求没有区别，只是在某些技术问题上的设计深度将超过初步设计，如在设备表的基础上提出设备订货表，在投资概算的基础上编制投资预算等。

2.4.4 施工图设计

施工图设计是把初步设计的内容转化成图纸的过程,是工程设计程序的最后阶段,在技术设计或初步设计批准后进行。有时针对一些建设项目要求简化设计程序,缩短设计时间,也有在初步设计进行了大部分工作后即着手进行施工图设计的。

2.4.4.1 设计原则

(1) 在开展施工图设计之前,必须研究和落实上级机关或主管部门对初步设计的审批意见,了解建设单位设备订货的具体情况,以及施工单位的技术和装备水平等情况,切实做好施工图设计的准备工作。

(2) 在一般情况下,施工图设计应根据批准的初步设计进行编制,不得违反初步设计的设计原则和方案。确因设备订货情况改变,或其他重要条件变化,需要修改初步设计时,必须履行手续,呈报原初步设计审批机关批准。

(3) 开展施工图设计的基本条件如下:
1) 初步设计已经上级机关或主管部门审查批准;
2) 初步设计审查提出的重大问题和初步设计中的遗留问题(包括补充勘探、勘察、试验等)已经解决;
3) 供水、供电、外部运输、征地等对外协作的协议已经签订或者基本落实;
4) 施工图设计所需要的工程地质详细勘探资料以及大比例尺地形测绘资料已经提供;
5) 主要设备订货基本落实,施工图设计所需要的设备总装图、基础图以及有关资料已经收集齐全并可以满足设计要求。

不具备或不完全具备上述条件时,不宜全面开展施工图设计,可以安排施工图设计准备工作,或者局部开展施工图设计。

(4) 施工图设计的深度原则上应满足以下要求:
1) 设备材料的安排;
2) 非标准设备及结构件的加工制作;
3) 编制施工图预算和施工预算,并作为预算包干、工程结算的依据；

4）指导施工和安装。

（5）施工图的内容如下：

1）企业施工和安装所需要的全部图纸；

2）重要施工和安装部位以及生产环节的施工操作说明；

3）施工图设计说明；

4）设备和材料明细表、汇总表。

2.4.4.2 施工图会审会签

A 施工图质量要求

（1）施工图设计应符合经过上级机关或主管部门审批的初步设计所确定的主要设计原则、方案和审批意见，主要设备的选型以及各项技术经济指标，不得擅自修改。

（2）施工图的内容和深度应能够满足施工安装、制造和生产要求，体现初步设计所确定的技术标准，贯彻执行有关规范、规定。要求图面布置合理匀称，表示清楚，字体端正美观，说明及附注简明扼要，没有原则错误，符合制图规定。

（3）所需设计的项目齐全，没有遗漏，整个工程各子项的图纸完整无缺，图纸之间互相衔接，表示清楚，技术条件统一。

（4）在设计中贯彻执行了因地制宜和节约的原则。

（5）在采用新技术、新材料以及特殊工程的设计过程中，注意听取施工单位的合理化意见，切实解决施工中可能出现的技术问题，为保证施工质量创造条件。

（6）满足编制施工图预算的要求。

B 施工图会审会签

除上级机关或主管部门指定之外，一般不再单独组织对施工图设计进行审批。设计单位应对施工图设计质量负责。

根据施工图的性质和重要性，决定审签的界限和手续。一般生产工艺流程图、主要车间或厂房的设备配置图、总平面布置图以及与总平面布置有关的图纸（如外部管网或管线图等），在设计室（组）审签后由总设计师审签。其他施工图一律由设计室（组）审签。

工程内部的单元工程或车间（厂房）的施工图完成后，由总设计师负责组织有关专业设计人员认真进行图纸的会审会签。

在施工图设计阶段，施工图纸的会审会签是总设计师的重要工作，必须切实抓好。

2.4.4.3 施工图修正概算与施工图预算

在施工图设计阶段，有下列情况之一时，经过上级机关或主管部门同意，可以编制施工图修正概算：

（1）施工图设计与初步设计相比有较大变化；

（2）原初步设计概算的基础资料发生变化；

（3）建设单位提出要求重新编制概算。

如果不存在上述问题，施工图修正概算可以不编。

根据国家有关规定，或应委托单位的要求，施工图设计完成后，应编制施工图预算。

施工图修正概算和施工图预算与初步设计阶段的概算一样，即在总设计师的组织下，各专业负责提出本专业概算设计条件，由概预算专业人员完成。

此外，在初步设计工程设备明细表中未列出的辅助设备或其他设备，在施工图设计阶段尚需编制补充设备表，以供订货使用。如果施工图设计阶段有所变动，初步设计选定的设备亦应列入补充设备表中，并加以必要的说明。为了清楚、完整和方便订货，可以在施工图设计阶段重新编制工程设备明细表，列出工程所需的全部设备。施工图设计的程序示意图如图 2-6 所示。

2.4.5 施工服务

2.4.5.1 工作内容

施工服务是设计完成以后，由工程项目总设计师负责组成现场工作组进行的一项工作。施工服务工作的主要内容，一般有以下几项：

（1）设计技术交底，即向工程项目的建设单位、施工单位、基建管理部门等介绍设计意图和内容，并负责解释或解决施工图纸中可能存在的不清楚或不合理的问题；

（2）补充或修改设计中不合实际的、不全面的甚至错误的部分；

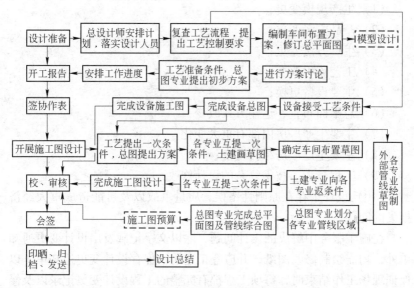

图 2-6 施工图设计的程序示意图

(3) 协助解决施工过程中遇到的设备或材料代用、工程质量及施工安装等方面的设计问题,并在工作中贯彻执行设计意图;

(4) 根据现场需要,在可能的条件下配合施工,参加为施工和生产服务的试验研究工作;

(5) 了解设计文件执行情况,总结设计和施工服务的经验、教训,不断提高设计工作水平;

(6) 参加试车、试生产、投产及竣工验收工作。

2.4.5.2 设计变更

设计变更是指由于设备和材料的订货和到货情况的变化,或由于施工图纸本身在施工中发现有这样或那样的问题,需要设计进行变更修改。设计变更是一项严肃的设计工作,应当履行必要的审批手续。对于施工服务中发现的一般性设计问题,现场工作组人员应就地处理解决。对于设计基础资料动摇或其他重大问题造成设计原则和方案修改,施工服务人员应与建设和施工单位有关人员研究提出处理意见并报设计单位审查批准后,方能发出设计变更,进行修改。重大问题如下:

(1) 生产规模变更;
(2) 产品方案变更;
(3) 生产方法变更;
(4) 工艺流程改变;
(5) 主要设备更换;
(6) 总平面布置、运输方式改变;
(7) 主要生产厂房内部有重大变化;
(8) 主要生产厂房结构改变;
(9) 工程量大、技术复杂的设计修改;
(10) 设计中存在原则性错误、质量事故以及可能造成重大经济损失的问题。

在施工服务中解决的设计问题,除以文字记载发出设计变更通知单外,均需绘制修改图纸,并应登记造册,保存设计变更通知单,以保证现场工作结束时,每项工程都有完整的工程设计变更记录以及修改设计图纸。设计变更和修改设计图纸,都属于重要的施工依据,现场工作结束后应存档保存备查。

2.4.5.3 竣工验收工作

所有建设项目和单项工程都要按照国家有关规定及时组织竣工验收。竣工验收就是填写交工验收证书,办理固定资产交付使用的转账手续,以缩短工期,提高投资效益。

竣工验收应根据上级机关或主管部门批准下达的可行性研究、初步设计、施工图设计(包含设计变更部分)、设备技术说明书、现行施工技术规范以及其他技术文件的要求进行。

工程项目竣工验收工作应组建竣工验收机构,其职责如下:
(1) 制订竣工验收工作计划;
(2) 审查各种竣工技术文件;
(3) 审查试车规程,检查试车准备工作;
(4) 鉴定工程质量;
(5) 处理竣工验收工作中出现的各种问题;
(6) 签发竣工验收证书;
(7) 提出竣工验收工作报告。

对于单机试车合格交工、无负荷联动试车合格交工、建筑工程竣工交工等，设计单位一方可由其驻现场工作组代表参加；全部工程竣工验收机构中的设计单位代表，应尽可能由该工程项目的总设计师担任。

设计单位一方在竣工验收工作中，主要任务是了解施工中对设计文件的执行情况、施工质量，并在交工验收文件上签署评价意见，履行必要的手续。因此，总设计师或驻现场工作组代表，应充分领会设计原则，了解设计意图，熟悉全部设计文件资料，参加施工过程中的有关技术协调会议，协助做好竣工验收工作。

2.4.5.4 设计回访与总结

工程竣工验收后，应根据工程特点，将具有参考价值的主要问题，按总体设计方面和专业设计方面，分别做出必要的设计技术总结。设计总结工作由工程项目总设计师或有关专业人员负责完成。设计总结材料根据需要情况归档或组织交流。

设计总结的主要内容如下：

(1) 设计中贯彻执行党和国家方针政策情况；
(2) 设计方案的合理性；
(3) 设计的主要特点；
(4) 设计工作中的主要经验和教训。

设计回访就是设计企业投产后，设计单位定期或不定期地到现场了解生产情况的工作。设计回访的主要目的如下：

(1) 了解企业投产后，对原设计的看法、意见和建议；
(2) 总结企业正常生产的技术经济指标及其他技术资料，丰富设计参考资料；
(3) 协助解决原设计通过正式生产所暴露和发现的设计问题；
(4) 承揽新的设计任务。

原工程项目的总设计师应尽可能参加设计回访工作。设计回访工作应根据需要选派有关专业或其他人员参加并共同完成。设计回访应编制工作记录。

3 土建基础知识

在冶金工厂设计中,土木建筑和钢结构占很大比重。作为工艺设计人员,除了做好本专业工艺的设计外,还应了解土建部分设计的基本知识。在小型冶金工厂的设计中,有些简单的土建工程和钢结构,往往由工艺设计人员直接做出。在大型冶金工厂的设计中,由于分工较细,土建部分,如基础、地基的处理,厂房的结构等由土建专业人员做施工图设计,但土建专业设计基础资料,如基础和构件的动、静荷载,厂房的柱距、通风和照明的要求等,则要由工艺专业设计人员提出,经协商后确定设计方案。

在土建设计中,应遵循国家主管部门有关土建的统一基本规则,如模数制、制图规范、常用术语等,工艺设计人员应当而且必须了解和掌握这些规则。

3.1 基本概念

基本概念如下:
(1)建筑。建筑既表示建筑工程的建造活动,同时又表示这种活动的成果——建筑物。建筑也是一个统称,包括建筑物和构筑物。
(2)建筑物。凡供人们在其中生产、生活或进行其他活动的房屋或场所都叫做"建筑物",如住宅、学校、影院、工厂的车间等。
(3)构筑物。人们不在其中生产、生活的建筑,则叫做"构筑物",如水塔、电塔、烟囱、桥梁、堤坝等。

3.2 建筑的分类

建筑按主要承重结构材料可分为以下几类:
(1)砖木结构建筑。如砖(石)砌墙体、木楼板、木屋顶的建筑。
(2)砖混结构建筑。如砖、石、砌块等砌筑墙体,钢筋混凝土楼板、屋顶的多用建筑。

（3）钢筋混凝土结构建筑。如装配式大板、大模板等工业化方法建造的建筑。钢筋混凝土结构用于高层、大跨、大空间结构的建筑。

（4）钢-钢筋混凝土结构建筑。如钢筋混凝土柱、梁，钢屋架组成的骨架结构厂房。

（5）钢结构建筑。如全部用钢柱、钢屋架建筑的厂房。

（6）其他结构建筑。如生土建筑、塑料建筑、充气塑料建筑等。

建筑按层数可分为以下几类：

（1）住宅建筑低层，1~3层；多层，4~6层；中高层，7~9层；高层，10~30层。

（2）公共建筑及综合型建筑的总高度大于24m者为高层（不包括高度超过24m的单层主体建筑）。

（3）建筑物高度大于100m时，不论住宅或公共建筑，均为超高层。

（4）工业建筑（厂房）如单层厂房、多层厂房、混合层数的厂房。

3.3 建筑定位尺寸

3.3.1 开间和进深

在民用建筑设计中，对常用的矩形平面房间来说，房间的平面尺寸一般不用长和宽来表示，而是用开间和进深来表示房间的二维尺寸。

开间也叫面阔或面宽，是指房间在建筑外立面上占的宽度；垂直于开间的房间深度尺寸叫进深，如图3-1所示。

开间进深并不是指房间净宽、净深尺寸，而是指房间轴线尺寸。房间一般是由一定厚度的墙体围合而成的，这些墙体在平面上的垂直投影便形成房间的平面图。确定房屋墙体位置、构件长度和施工放线的基准线叫轴线，建筑制图中用点划线表示。对建筑设计来说，轴线是房间平面的最基本尺寸线，两条轴线间的距离便构成了房间平面的

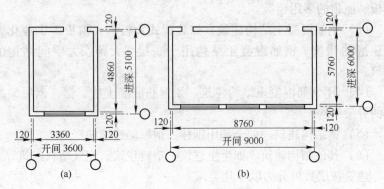

图 3-1 开间、进深示意图

开间和进深尺寸。轴线和墙体的关系（以砖墙为例）一般是：对内墙来说，轴线多定在墙的中心线上；对外墙来说，轴线常定在墙中靠近室内一侧墙面 120mm 处（等于半砖墙的厚度）。这样由两条轴线确定的开间进深尺寸，实际指的是房间净宽再加上两条轴线所包括墙的厚度。

3.3.2 厂房的柱距与跨度

厂房承重柱在平面中排列所形成的网格称为柱网。确定建筑物主要构件位置及标志尺寸的基准线称定位轴线，平行于厂房长度方向的定位轴线称为纵向定位轴线，垂直于厂房长度方向的定位轴线称为横向定位轴线。纵向定位轴线间距称为跨度，横向定位轴线间距称为柱距。如图 3-2 所示，定位轴线以细点画线画出，线端画一直径为 8mm 的圆圈，圆圈内注写定位轴线的编号排列，柱距用数字 1，2，3…编号，跨度用字母 A，B，C…编号。在工艺平面图、断面图及有关的详图上都应注写定位轴线的编号，厂房中的柱、墙及其他构配件都由纵横定位轴线确定其位置。

柱网尺寸的确定应根据生产工艺、建筑材料、结构形式、施工技术水平、经济效果以及提高建筑工业化的程度和建筑处理上的要求等因素来确定。

3.3.2.1 厂房跨度的确定

厂房跨度的确定包括跨度的大小和数目的选择。跨度大小主要取

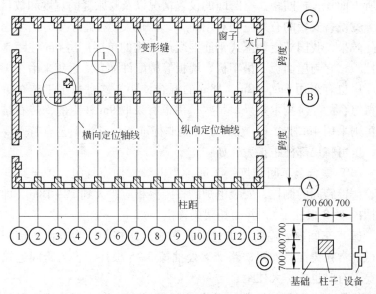

图 3-2 柱网结构图

决于厂房内设备的大小、布置的方式与操作所需要的宽度；还取决于交通运输物料堆放以及为生产流水作业线的组织，调动设备的检修、拆换等所必不可少的安全距离；同时，应与所采用吊车跨度（用标准设计）相适应，而且还要保证设备基础和厂房结构不发生矛盾。跨度大小应按统一的模数要求确定：厂房跨度在18m和18m以下时，应采用3m的倍数（9m，12 m，15 m，18m），在18m以上时应采用6m的倍数（24 m，30 m，36m）；除工艺布置有明显的优越性外，一般不宜采用21 m，27 m和33m等跨度尺寸。目前，最常用的跨度有9 m，12 m，15 m，18 m，24 m，30 m，36m等几个尺寸。

跨度数目在确定跨度尺寸的同时就要考虑，它是和工艺布置紧密联系着的。车间内的各工段，根据需要可以集中在一跨度内，也可分散在几跨度内；可采用单跨厂房，也可采用多跨厂房（如炼钢厂、铁合金厂）。

3.3.2.2 厂房长度及柱距的确定

厂房长度取决于车间设备大小、数量以及排列方式，备用设备存放所占面积、柱间距、空跨间的设置情况以及膨胀缝的宽度和数目。

就设备安装的有效空间利用而言,柱距大比柱距小要好。考虑到实际效果,我国规定装配式钢筋混凝土结构的单层厂房6m柱距是基本柱距,它与屋面板、吊车板、墙板等构配件配套。近年来冶金工厂的厂房也有采用6m、12m、18m的混合柱距,这有利于工艺布置和取得综合的经济技术效果。某些厂房也有采取9m柱距的,砖石结构厂房则采用4m柱距。厂房柱子多是非标准配件,当工艺有特殊要求时,也可将局部柱距扩大,如:

(1)铁合金车间和炼钢车间,当电炉横向布置时,炉子跨与浇注、铸锭跨间的侧柱,安装电炉的柱距要相应扩大到12~18m(即中间抽掉1~2根柱子),并用托架梁置换。

(2)车间内运输的要求也常常影响厂房柱距,为方便铸锭周转运行,常在铸锭跨外侧铁路交叉处抽掉3~5根柱子,为跨间运输的需要,有时也要扩大柱距。

从另一方面看,柱距的扩大,厂房的造价将提高,托架梁需加厚,在现有工业厂房中不宜采用"肥梁胖柱"结构。因此,从发展趋势看,扩大柱距有其长远的意义,适当扩大柱距有利于提高车间工艺布置的灵活性,有利于生产的发展和工艺的更新。

3.4 工厂厂房的一般要求

3.4.1 工厂内建筑物的配置

工厂内的建筑物包括以下几部分:

(1)生产厂房。生产厂房包括各种在室内操作的厂房。

(2)控制室和辅助生产厂房。辅助生产厂房包括变配电室、维修间、仓库等。

(3)非生产厂房。非生产厂房包括办公室、值班室、更衣室、浴室、厕所等。

3.4.2 工厂厂房的模数

工厂厂房的跨度、柱距、层高等除有特殊要求外,一般应按照建筑统一模数设计,常用模数如下所述。

(1) 跨度:6.0 m, 7.5 m, 9.0 m, 10.5 m, 12.0 m, 15.0 m, 18.0 m。

(2) 柱距:4.0 m, 6.0 m, 9.0 m, 12.0 m。钢筋混凝土结构厂房柱距多用6m。

(3) 进深:4.2 m, 4.8 m, 5.4 m, 6.0 m, 6.6 m, 7.2 m。

(4) 开间:2.7 m, 3.0 m, 3.3 m, 3.6 m, 3.9 m。

(5) 层高:(2.4+0.3) m 的倍数。

(6) 走廊宽度:单面1.2 m, 1.5 m;双面2.4 m, 3.0 m。

(7) 吊车轨顶:600mm 的倍数(厂房高±200mm)。

(8) 吊车跨度:用于电动梁式、桥式吊车的跨度为1.5m;用于手动吊车的跨度为1.0m。

3.4.3 厂房高度

厂房高度主要根据设备吊装所需空间和设备进出口管道标高确定。有固定起重设备的厂房的高度 H 如图3-3所示。

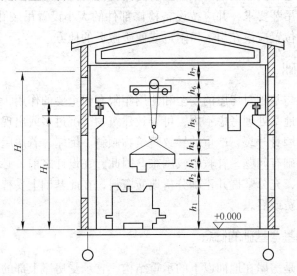

图 3-3 厂房高度示意图

3.4.4 厂房的地面通道和门

地面通道和门除了满足车间内的地面运输、工人往来外,还要保证在发生事故时,工人能很快地疏散出去。

车间内设一条横向通道,约 80m 宽,厂房内至少需设一条横向通道,横向通道要注意安全性。

(1)厂房出入口应便于操作人员通行,并至少应有一个门能使厂房内设备的最大部件出入。但可不考虑安装厂房内的大型设备如容器的进出,一般此设备是在吊装以后再行砌墙封闭厂房的。

(2)检修时如有车辆进入,门的宽度和高度应能使车辆方便地通过。如通行火车的门,尺寸一般为 4200mm×5100mm,这是根据机车高度 4424mm 和拖车宽度 3070mm 的净空要求确定的。

(3)安全疏散出口应向外开启,可燃介质设备厂房的疏散出口不应少于两个。

3.4.5 吊装孔的位置

在两层和两层以上的生产厂房内布置设备时,应使厂房结构满足设备整体吊装要求,并应按设备检修部件的大小设置吊装孔和通道。吊装孔的位置应设在出入口附近或便于搬运的地方。

3.5 基础

地基与基础对房屋的安全和使用年限有很重要的作用,如基础设计不良,地基处理考虑不周,可导致建筑物下沉过多或出现不均匀下降,致使墙身开裂,严重的导致建筑物倾斜、倒塌。若房屋建成之后才发现基础有问题,补救也较困难。因此,在设计之前,必须对地基进行钻探,充分掌握并正确分析地质资料,在此基础上妥善设计,以免造成浪费或后患。

3.5.1 地基与基础的概念

基础是房屋在地面以下的承重结构,它承受房屋上部的全部荷载并将其传递到土层。基础下面承受压力的土层称为地基。

3.5.1.1 地基

在做基础设计时,要先掌握当地的土地性质以及地下水的水质和水位。作为地基土,其单位面积能承受基础传下来的荷载的能力,叫做地基的允许承载力,也称地耐力,以 MPa 或 t/m^2、kg/cm^2 来表示。

地基土分为岩石、碎石、砂石、黏性土等多种,它们的允许承载力差别很大。即使是同一种土质,由于它们的物理力学性质不同,其允许承载力也不相同。硬质的岩石可达 $4MPa(400t/m^2)$ 以上,淤泥则在 $0.1MPa(10t/m^2)$ 以下。

如建筑物高大而地基较弱,基底压力与地基允许承载力不相适应时,要设法加固地基。如基础下面仅局部为松软土层时,则可将该土挖去,换以砂或低标号的块石混凝土。若土层很深,则可做桩基,一般多采用预制的钢筋混凝土桩或就地灌注的混凝土桩,以提高地基的允许承载力。

在建筑工程的地基内有地下水存在时,地下水位的变化、水的侵蚀性等,对建筑工程的稳定性、施工及正常使用都有很大的影响,必须予以重视。

3.5.1.2 基础

图 3-4 所示为一外墙基础剖面。基础的最底面(与地基接触部分)称为"基底",由室外地面到基底的深度称为"基础埋置深度"。在寒冷地区的冬季冻结期,土壤冻结层的厚度称为"冻结深度",它是根据当地多年来测定的最大冻结深度求得的平均值,例如,北京为

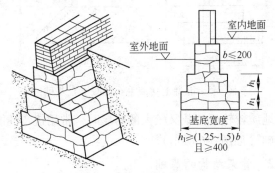

图 3-4 石砌条形基础

0.8m，哈尔滨为 2.0m，上海为 0.06m。冻结层的下边称为"冰冻线"，地下水的上表面称为"地下水位"。

基础的底宽与其面积有关，而基底面积的大小则由基础所承受的荷载和地基的承载能力来决定，即

$$P \leq R$$

式中　P——基础底面传给地基的平均压力，t/m^2；

　　　R——地基允许承载力，t/m^2。

如建筑物高大或地基的允许承载能力小时，为满足上述条件，基础的底面积要加大，基底的宽度也随之加大。

3.5.2 基础的分类

3.5.2.1 承重墙下的基础

以砖石砌筑的承重墙多采用条形基础，所用材料可以与墙身相同，即墙身用砖，基础也用砖；或者墙身用砖，基础用石（如图 3-4 所示）。

当地下水位较高，槽底湿软或见水时，基础用混凝土或毛石混凝土，即在混凝土中掺入毛石以节约水泥用量（如图 3-5 所示）。

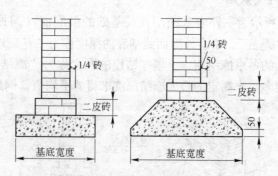

图 3-5　混凝土（或毛石混凝土）基础

当遇到地质较软而荷载又较大的房屋时，常用抗弯性能较好的钢筋混凝土基础（如图 3-6 所示）。

3.5.2.2 骨架结构的基础

由于骨架结构的垂直承重结构是柱，所以一般做成单独的基础，

其材料常用钢筋混凝土（如图3-7所示）。

在比较软弱的地基基础上建造单独基础时，由于基底面积为适应地耐力而扩展，以致相邻的基础靠得很近。这时，为施工方便和加强结构的整体性，常将这些单独基础连接起来，做成柱下的钢筋混凝土条形基础（如图3-8所示）。如土质更弱，单向联合也无法保证房屋的整体性时，可考虑在纵横双向采用条形基础，做成十字形相交的井格基础。这样，不但可以进一步扩大基础的底面积，而且能够增强其刚度，有利于消除房屋的不均匀沉陷（如图3-9所示）。

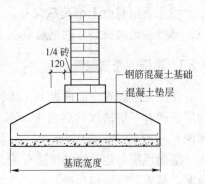

图 3-6　钢筋混凝土基础

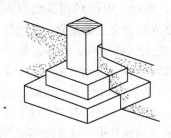
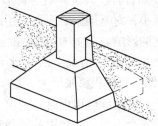

图 3-7　柱的单独基础

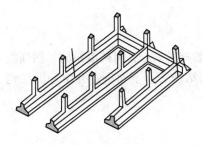
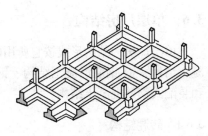

图 3-8　柱下钢筋混凝土条形基础　　图 3-9　柱下钢筋混凝土井格基础

当土质很弱而上部荷载又很大，采用井格基础仍不能满足要求时，可将基础做成整片的钢筋混凝土筏式基础。

3.5.3 基础的埋置深度

在保证坚固安全的前提下，从经济方面考虑基础应尽量浅埋，但地层表面有一层松软的腐殖土，不宜用做地基，故埋置深度（简称埋深）一般不得小于 0.5m。

基础埋深与建筑物的用途有关，当有地下室、地下管沟或基础设备时，基础就应埋得深些。

基础埋深还与地基土层分布的状况有关，如上土层的承载力小于下土层时，则要深埋；如上土层的承载力大于下土层时，则要浅埋，利用上土层作为地基的持力层。

冻结深度对基础埋深也有影响。一般来说，在冻结深度内的土壤都要冻结，但因土的种类不同，冻结后有两种情况：(1) 属于粗颗粒的土（如岩石、大块碎石、砾砂、粗砂、中砂）在冻结后不膨胀或膨胀很小，对基础影响不大，建造在这类土上的基础，其埋深不受冻结深度的影响。(2) 属于细颗粒的土（如细砂、粉砂、黏土等），在地下水位较高的情况下（含水量很小和地下水位很低的情况除外），冻结后其体积膨胀增大，这类土称为冻胀性土。当基础底面放在这类土的冻结深度以内时，则由于地基土冻胀而引起基础上升，解冻时基础又会下沉。若房屋各部基础下的地基土冻融情况不同，将会产生不均匀沉降，甚至使上部结构砖墙等断裂和破坏。因此，在确定这类土的基础埋深时，应仔细考虑。

3.6 单层厂房结构

单层厂房的结构形式按它所用的材料来分，有砖混结构、钢筋混凝土结构、钢-钢筋混凝土结构、钢结构等。下面重点介绍砖混结构和装配式钢筋混凝土结构。

3.6.1 砖混结构

砖混结构一般由带壁柱的砖墙和钢筋混凝土屋架（或屋面架）

组成，小型高炉的出铁场常采用这种结构形式。如厂房设有吊车，则可在壁柱上设置吊车梁，如图3-10（a）所示。为节约材料的用量，也可将吊车轨道铺在砖墙上，为了保证吊车行驶，砖壁柱和吊车以上的砖墙向外移，如图3-10（b）所示。

砖混结构造价较低，节约钢材和水泥，便于就地取材，施工简便，但受砖的强度所限，只适用于跨度不大于15m，檐高在8m以下，吊车吨位不超过5t的小型厂房。

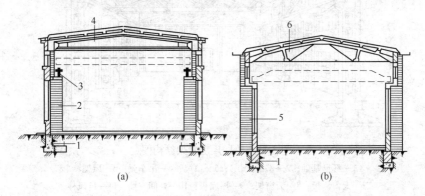

图 3-10 单层砖混结构厂房
1—带形基础；2—带内壁柱的承重砖墙；3—钢筋混凝土吊车梁；
4—钢筋混凝土屋面架；5—带壁柱的承重砖墙；6—钢筋混凝土组合屋架

3.6.2 装配式钢筋混凝土结构

单层厂房钢筋混凝土结构由横向骨架和纵向联系构件组成（如图3-11所示）。横向骨架由屋架、柱和基础组成，它承受天窗、屋顶及墙等部分传来的荷载以及自重。有吊车的厂房，还要承受由吊车所产生的各种荷载。这些荷载由柱传至基础。纵向联系构件由联系梁、吊车梁、屋面板（或檩）、柱间和屋架间支撑等组成。它们的作用是保证横向骨架的稳定性，并承受山墙及天窗端壁的风力以及吊车纵向水平荷载，这些荷载也通过柱传至基础。

骨架结构的外墙只起围护作用，除承受风力和自重外并不承受其他荷载。

装配式钢筋混凝土结构的柱、基础、联系梁、吊车梁及屋顶承重

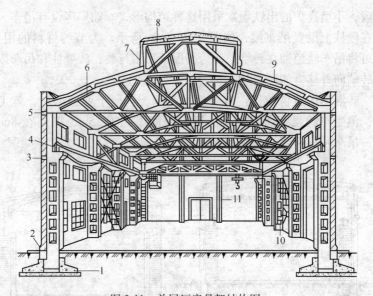

图 3-11 单层厂房骨架结构图

1—杯形基础；2—基础梁；3, 5—口梁；4—吊车梁；6—屋架；
7—天窗侧板；8—天窗架；9—屋面板；10—柱间支撑；11—抗风柱

结构等都采用预制构件，目前国家已把各地区比较先进的、成熟的、常用的构件编制成标准图，供设计单位选用。

3.6.2.1 柱

在无吊车的厂房中，柱的截面常采用矩形，截面尺寸不小于 300mm×300mm。

在有吊车的厂房中，一般在柱身伸出牛腿以支承吊车梁，常用的有矩形柱、工字形柱、双肢柱等，矩形柱如图 3-12（a）所示。

工字形截面柱较矩形柱受力合理，材料较省，是目前采用较多的一种形式，如图 3-12（b）所示。

双肢柱是由两根主要承受轴向力的肢杆用腹杆联系而成，如图 3-12（c）和图 3-12（d）所示，能充分利用混凝土的强度，材料较省，自重也轻。吊车的垂直荷载通过腹杆轴线，受力合理，不需另设牛腿，从而简化了构造。但双肢柱的节点多，构造较复杂。当柱的高度和荷载较大时，宜采用双肢柱。

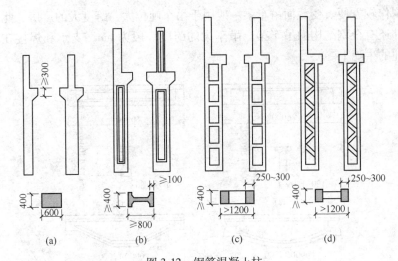

图 3-12 钢筋混凝土柱
(a) 矩形柱；(b) 工字形柱；(c) 平腹双肢柱；(d) 斜腹双肢柱

3.6.2.2 吊车梁

在有吊车的厂房中，需设置吊车梁，一般是支承在柱的牛腿上。吊车梁上有钢轨，吊车的轮子沿钢轨运行。吊车梁承受吊车的垂直及水平荷载并传给柱子，同时也增加了骨架的纵向刚度。

吊车梁的形式有梁式和桁架式。在梁式吊车梁中，又可分为等截面吊车梁和变截面吊车梁两种。

等截面吊车梁有两种形式。一种是用普通钢筋混凝土制成的，截面形式为T形，如图 3-13（a）所示，其上部翼缘较宽，以增加承压面积和横向刚度，薄腹板的厚度为 120~180mm，在梁的端部则要加厚。另一种是用预应力混凝土制成的，为制作的需要，在T形截面下增添下翼，截面呈工字形，如图 3-13（b）所示。后一种比前一种更能承受较大的吊车荷载。

变截面吊车梁也有两种形式。一种叫预应力混凝土鱼腹式吊车梁，如图 3-13（c）所示，将梁的下部设计成抛物线形，比较符合梁的受力特点，能充分利用材料强度，减轻自重，节约材料，可以承受较大的荷载，但制作时曲模较复杂。另一种叫预应力混凝土折线式吊车梁，如图 3-13（d）所示，其原理与鱼腹式相同，但简化了模板，制作较方便。变截面吊车梁一般用于吊车吨位大、跨度大的厂房。此外还有全钢结构的吊车梁。吊车梁的跨度一般为 6m,支承和焊接在柱的牛腿上。

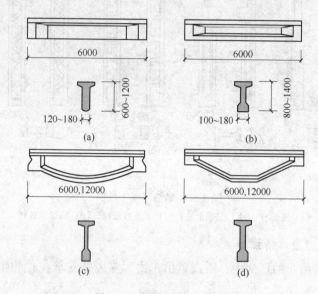

图 3-13 钢筋混凝土吊车梁
(a) 钢筋混凝土等截面吊车梁;(b) 预应力混凝土等截面吊车梁;
(c) 预应力混凝土鱼腹式吊车梁;(d) 预应力混凝土折线式吊车梁

4 冶金工艺设计

冶金工艺设计是整个冶金工厂设计的核心,这是由于在任何一项完整的工程设计中,绝大多数原始设计都是由工艺专业提出或经过工艺专业确认后提出的,所以工艺专业在项目设计中起着灵魂和龙头作用。

4.1 工艺专业的设计任务

冶金工艺专业的设计任务如下:
(1) 接受并审查项目中有关冶金工艺设计的原始条件。
(2) 进行工艺方案比较,确定工艺流程,绘制工艺流程图和工艺平面配置图、断面配置图。
(3) 进行物料和能量计算,编制物料衡算表。
(4) 确定主要设备操作条件,进行冶金设备和单元操作计算,确定设备选型。
(5) 汇总编制工艺设备表。
(6) 编写工艺说明书。
(7) 提出各专业的设计条件。
(8) 提出特殊用电要求。
(9) 提出"三废"处理的项目和技术建议。

4.2 工艺专业的资料交换

4.2.1 收集设计资料

冶金工艺专业在设计工作开始前应具备必要的条件和资料,然后才能进行设计。该专业应具备的基本设计条件如下:
(1) 设计合同书和设计任务书。
(2) 可行性研究。

（3）设计基础资料。包括由建设单位提供的当地工程地质、水文地质、气象、地形图、环保的具体要求（国家环保标准）等资料。

（4）由用户提供与工程相关的协议文件，如供电、供水、供汽、运输、原燃料供应、产品销售等协议文件。

（5）设计规定和工程标准。

（6）从技术管理部门获得的已评审的物性数据、冶金单元计算公式、数据以及计算机程序使用说明。

4.2.2 提出设计条件

冶金工艺专业向其他专业提出的设计条件，有些是需要经过专业间的多次往返修正才能确定的，其工艺专业工作提交的设计条件详见4.4节内容。

4.3 工艺流程设计

由于冶金工业各生产过程的工艺流程相对比较成熟、稳定，如电解铝、高炉冶炼等，在进行设计时，一般都有现成的工艺流程作参照。工艺流程设计主要包括确定工厂规模和工艺流程、绘制工艺流程图等内容。

4.3.1 冶金工厂规模的确定

世界上工业发达国家都以企业主要产品的综合生产能力作为衡量企业规模的标准。

企业规模有大型、中型、小型之分。一般来说，大型企业可以采用现代化的高效率设备和装置，广泛应用最新科学技术成果；便于开展科学研究工作，担负各种高级、精密、大型和尖端产品的生产，解决国民经济中的关键问题；有利于"三废"处理及综合利用，防止污染，保护环境；便于专业化协作等。大型企业能减少单位产品的基建投资，降低消耗和成本，取得较大的经济效益。因此，凡是产量大、产品品种单一、生产过程连续性强、产量比较稳定的工业，如冶金、石油化工、火力发电、水泥工业等，都比较适合于大规模生产。

在冶金工业中，中、小型企业也占有相当大的比例，在国民经济中发挥了十分重要的作用。但是大多数中、小型企业目前还存在管理水平低、技术力量较为薄弱、设备陈旧、专业化水平不高、消耗大、成本高等问题，有待进一步整顿与改造。

大生产的经济效果并不是在任何部门、任何条件下都好，品种多、生产批量小且变化大的产品往往在中、小型企业里生产更为经济合理。因中、小型企业在生产、技术、经济等各方面有许多大型企业所缺少的优点，包括一次基建投资少，建设时间短，投资效果发挥快；布点可以分散，就地加工，就地销售，节约运输，利于各地区特别是边远和少数民族地区的经济发展，改善工业布局；生产比较灵活，设备易于调整与更换，能更好地按需要组织生产，为大企业协作配套服务，为满足多种多样的需要服务，利于利用分散的资源、人力、物力，解决就业问题等。因此，工业企业规模结构的发展趋势仍然是：一方面，大企业产量在该部门总产量中的比重日益增加，企业的平均规模日益扩大；另一方面，在大企业的周围，又有大量的中、小企业并存。

划分大型、中型、小型企业的标准，依其生产技术经济特点、产品品种及生产技术发展水平的不同而不同，并会不断变化。例如，我国曾将年产3万吨铝的电解厂划分为大型企业，而现在要年产8万吨铝的电解厂才算大型企业；又如，有的国家把年产钢500万吨以上的钢铁企业划为大型企业，而我国则把年产钢100万吨以上的企业划为大型企业。

确定企业的最优规模是一个比较复杂的课题，一方面受企业内部因素的影响，如生产技术、生产组织和管理水平等，这些因素影响着生产效率和产品成本；另一方面受企业外部因素的影响，如市场需求、原材料及水电的供应、运输条件等，这些因素影响着产品的销售费用和运输成本。在确定最优规模时，要对各种因素和条件进行分析对比，做出最优方案的选择。最优生产规模，就是成本最低、效益最高时的生产规模。选择这种规模，是以采用先进技术设备和先进工艺，充分发挥生产潜力为基础的。如果对产品需求量很大，超过了各厂的生产能力，就应按最优规模安排几个厂点；有的产品需要量小，或者虽然需求量大，但供应距离太远，运输费用高，则应相对缩小规模。

要合理确定企业规模，除探索完善的数学计算方法外，还必须对现有企业的规模进行调查研究和分析，总结国内外确定企业规模的经验，从实践中找出企业的最优规模。

根据冶金生产的特点，在确定冶金工厂的规模时，应充分考虑以下问题：

（1）市场供需条件，矿产资源及主要原材料、水、电等的供应，技术及资金条件。

（2）中小型冶金工厂一般可一次建成投产，大型冶金工厂可考虑分期分批建设，分系列建成投产，在短期内形成生产能力。

（3）冶金工厂一般具有高温、粉尘、噪声、废水排放的特点，在确定规模时，要充分考虑环保要求。

4.3.2 工艺流程的选择

冶金流程是指从单一的矿物原料（如铁矿、锰矿、铬矿、氧化矿、硫化矿或碳酸盐等）或复杂的矿物原料（如含氧化矿、硫化矿的混合矿或多金属的钒钛、含铁铌稀土的复合矿物）经过若干工序加工成产品（金属、化工产品、合金等）的过程。因此工艺流程的选择，实质上是生产方法及生产工艺路线的选择。

钢铁冶金的工艺流程选择相对要简单一些，如铁矿粉烧结或球团、高炉炼铁、直接还原、转炉炼钢、电炉炼钢、高炉铁合金、电炉铁合金、连铸连轧、一火成材、棒线材轧制、钢冷轧板、型钢生产等，从生产方法大体上可以看出所采用的工艺流程。有色冶金工艺流程由于矿物原料成分、性能及储量等的不同，各个国家技术水平和技术政策的差别，乃至同一国家不同地区自然条件、环保要求等的不同，所选择的工艺流程也不同。

所选工艺流程在技术上是否先进可靠，经济上是否合理，将直接关系到企业的投资水平和建成后的生产水平、经济效益乃至工厂的发展前景。总之，一座新建冶金工厂的全部设计内容，都是围绕着确定的工艺流程而展开的。因此，工艺流程的选择是一项十分重要的工作。

4.3.2.1 选择准则

工艺流程的选择准则如下：

(1) 对原料有较强的适应性，能使产品品种具有可变性和多样性，不致因原料成分有所变化而影响产品的产量和质量。

(2) 在确保产品符合国家及市场需求的前提下，能充分利用原料中各有价元素并获得最高的金属回收率、设备利用率；能有效地进行"三废"治理，保护环境；能简化工艺，缩短流程，降低能耗，从而节省投资，降低成本。

(3) 技术上要先进可靠，采用的装备及材料易于加工制造、检修、维护和就地解决。在资金许可的条件下，尽可能采用现代化生产手段，提高技术水平，减轻劳动强度，改善管理水平。

(4) 应能做到投资省，占地面积小，建设期短，投产后经济效益大，利润高。

4.3.2.2 工艺流程选择应考虑的基本因素

工艺流程选择应考虑的基本因素如下：

(1) 矿物原料（精矿或原矿）的物理性质、化学组成及矿相特点。在冶金生产中，同一种类的矿物原料，由于物理性质、化学组成及矿相特点的差异，以及所建厂区的自然经济条件及环保要求的不同，可以有各式各样的生产工艺流程。

1) 不同的熔炼方法对原料的水分和粒度有不同的要求；
2) 原料的化学组成不同，采用的工艺流程差别更大；
3) 物料的矿相特点不同，选择的工艺流程也不同。

(2) 综合利用矿物原料，提高经济效益。
(3) 主要金属的回收率是评价流程好坏的主要标志。
(4) 生产所需的燃料和水电资源也常常左右工艺流程的选择。
(5) 深度加工问题。
(6) 基建投资费用和经营管理费用。

总的要求是所选工艺流程投资要省，经营管理费用要少。但两者往往发生矛盾，要全面衡量和比较。

影响工艺流程选择的因素很多，但在这许多影响因素中，必有少数几个是起主导作用的，要全力抓起主导作用的因素，进行细致的调查研究，掌握确切的数据和资料，进行技术经济比较，选择最佳工艺流程。

4.3.3 工艺流程方案的技术经济比较

在冶金工厂设计中，必须坚持多种方案的技术经济比较，才能选择符合客观实际、技术上先进、经济上合理、能获得较好经济效益的方案。

设计方案可分为两种类型，一种是总体方案，一种是局部方案。总体方案设计的问题一般是全局性或基本性问题，例如冶金厂是否要建设，企业的规划和发展方向，企业的专业化与协作及冶炼方法的确定，厂址的选择、产品品种以及数量的确定等，这些都是冶金厂设计的根本性问题，一般在设计任务书下达前确定，相当于技术经济可行性研究。局部方案是指在初步设计过程中对某些局部问题所提出的不同设计方案，例如工艺流程方案、设备方案、配置方案等。总体方案通常由技术经济专业通过扩大指标或估算指标的计算与比较来完成，局部方案一般由工艺专业完成。但对于一些中小型厂的设计，工艺专业人员往往要承担全部设计方案的技术经济比较，只要要求不同，其深度和广度就不同。

各种设计方案技术经济比较的程序和方法基本相同，下面主要结合工艺流程方案的技术经济比较进行介绍。

4.3.3.1 方案比较的步骤

工艺流程方案比较的步骤如下：

（1）提出方案。坚持多方案比较，杜绝未经任何分析说明的单一方案。所提出的方案应该在技术上先进，工艺上成熟，生产上可靠，技术基础资料准备充分，选用的设备、材料符合国情。

（2）对所提出的方案进行技术经济计算。

（3）根据计算结果，评价和筛选出最佳方案。

4.3.3.2 方案的技术经济计算内容

工艺流程方案的技术经济计算内容如下：

（1）根据工业试验结果，或类似工厂生产期间的有关年度平均现金指标，并参考有关文献资料，确定所选工艺流程方案的主要技术经济指标和原材料、燃料、水、电、劳动力等的单位消耗定额,如高炉的效比、利用系数,硅铁的冶炼电耗指标等。

(2) 概略算出各方案的建筑及安装工程量,并用概略指标计算出每个方案的投资总额。

(3) 根据单位消耗定额确定冶金厂每年所需的主要原材料、燃料、水、电、劳动力等的数量,再计算出产品的生产费用或生产成本。

(4) 根据产品的市场价格,求出未来企业的总产值,由总产值和生产成本计算出企业年利润总额,再由投资总额和年利润总额计算出回收期。

(5) 列出各方案的主要技术经济指标及经济参数一览表(见表4-1),以便对照比较。

表 4-1 各方案主要技术经济指标一览表

项 目	单位	方 案		
		1	2	3
1 年产量	t/s			
2 主要生产设备及辅助设备情况(规格、主要尺寸、数量、来源等)				
3 厂房建筑情况				
3.1 全厂占地面积	m^2			
3.2 厂房建筑面积	m^2			
3.3 厂房建筑系数	%			
4 主金属及有价元素的总回收率	%			
5 主要原材料消耗情况	t/s			
6 能源消耗情况(燃料、水、电、蒸汽、压缩空气、富氧等)	t/a 或 m^3/a			
7 环境保护情况				
8 劳动定员(生产工人、非生产工人、管理人员等)	人			
9 基建投资费用	万元			
9.1 建筑部分投资	万元			

续表 4-1

项　目	单位	方案		
		1	2	3
9.2 设备部分投资	万元			
9.3 辅助设施投资	万元			
9.4 其他有关费用（如相关投资等）	万元			
10 技术经济核算				
10.1 主要技术经济指标				
10.2 年生产成本（经营费用）	万元			
10.3 企业年总产值	万元			
10.4 企业年利润总额	万元			
10.5 投资回收期	a			
10.6 投资效果系数	%			
11 其他				

在计算过程中，需按每个方案进行计算；分期建设的项目，设计方案的投资和生产费用应分别计算；对于比较复杂或影响方案取舍的重要指标，应做详细计算。

4.3.3.3 方案比较的定量分析法

工艺流程方案或其他设计方案的技术经济分析，有定性分析和定量分析两种，两者是互为补充和相互结合使用的。定性分析法一般是根据经验积累及可能的客观实验对方案进行主观分析判断后，用文字将分析结果描述出来；而定量分析法则要进行具体的技术经济计算，把计算结果用数值或图表表达出来，并加以分析研究，确定最佳方案。

（1）定量分析法比定性分析法更具有说服力，在工程建设中被越来越广泛地使用。

1) 产量不同的可比性。若两个比较方案的净产量不同，则要把各方案的投资和经营费用的绝对值换算成相对值，即换为单位产品（每吨产品）投资额和单位产品经营费用，再进行比较。

2) 质量不同的可比性。产品质量应符合国家规定的质量标准。

如有 A、B 两个比较方案，方案 A 的产品质量符合国家标准，而方案 B 的产品质量超过国家规定的标准，并对方案 B 的技术经济效果有显著影响，则应对方案 B 的投资和费用进行调整，然后再与方案 A 比较。调整时，可用使用效果系数 a（产品的使用效果根据产品使用不同而异，如使用寿命、可靠性、理化性能等。）进行修正：

$$a = \frac{产品改进后的使用效果}{产品改进前的使用效果}$$

$$C_a = C/a$$

$$K_a = K/a$$

式中，C_a 和 K_a 分别表示调整后的经营费用和投资费用；C 和 K 分别表示调整前的经营费用和投资费用。

3) 品种不同的可比性。其调整方法与上述基本相同，使用效果可用材料的节约和工资（或工时）的节约等来表示。

4) 时间因素的可比性。由于投资的时间不同和每次投资额的不同，最后的投资总额会有很大的差别，在比较不同投资方案的投资总额时，应把投资总额折算成同一时间的货币价值方可比较。

例如，某项工程需要 3 年建成，若一次性投资为 500 万元，贷款年利率 i 为 10%，则 3 年后的投资总额为：

$$S = P(1+i)^n = 500(1+0.1)^3 = 665.5 \text{ 万元}$$

假如把 500 万元分成 100 万、150 万、250 万元，并在第一、第二、第三年分别投入使用，则三年后的投资总额为：

$$\begin{aligned}S &= P_1(1+i)^n + P_2(1+i)^{n-1} + P_3(1+i)^{n-2}\\ &= 100 \times (1.1)^3 + 150 \times (1.1)^2 + 250 \times (1.1)^1 \\ &= 589.6 \text{ 万元}\end{aligned}$$

两者投资差为：

$$665.5 - 589.6 = 75.9 \text{ 万元}$$

可见，由于投资的安排时间与方式不同，总投资额也不同，现金就没有可比性，必须把现金都换算成未来值才有可比的基础。如上述两种投资方案，前者比后者需多付本利 75.9 万元，说明后者的投资安排比前者好。

当然也可以换算成现值来比较。仍以上例说明，前者投资限制为

500万元,而后者折算如表 4-2 所示。两方案投资的现值差额为 500-443 = 57 万元,即后者比前者节约 57 万元。若把他换算成 3 年后的未来值,则为 $57 \times (1+0.1)^3 = 75.9$ 万元,结果一致。

表 4-2 资金周转表

项 目	换算成第三年末未来值	折算成现值
第一年初的投资额 5 万元	$100 \times (1+0.1)^3 = 133.1$ 万元	$133.1 \times (1+0.1)^{-3} = 100$ 万元
第二年初的投资额 10 万元	$150 \times (1+0.1)^2 = 181.5$ 万元	$181.5 \times (1+0.1)^{-3} = 136.4$ 万元
第三年初的投资额 15 万元	$250 \times (1+0.1)^1 = 275$ 万元	$275 \times (1+0.1)^{-3} = 206.6$ 万元
合 计	589.6 万元	443 万元

(2) 不同方案经营费用的比较。经营费用包括原材料、燃料、水、动力等的消耗费用,工资费用,基本折旧及大修理费用,车间经费及企业管理费等。比较各方案的经营费用时,不一定要计算每个方案的全部经营费用,只需计算各比较方案有差别的项目即可。令 ΔC 为两个比较方案经营费用的总差额,ΔC_j 为经营费用中某项费用的差额,n 为两比较方案经营费用中互不相同的费用项目,则两比较方案的经营费用差额可用下式表示:

$$\Delta C = \sum_{j=1}^{n} \Delta C_j$$

(3) 不同方案投资额的比较。比较各方案的投资额时,除计算方案的直接投资外,还应计算与方案投资项目直接有关的其他相关投资。比较时,也不一定要计算每个方案的全部投资额,只计算有差别的项目即可。令 ΔK 为投资总差额,ΔK_j 为某个构成项目的投资差额,n 为各方案投资额不相同的构成项目,则同样有:

$$\Delta K = \sum_{j=1}^{n} \Delta K_j$$

(4) 计算不同方案的投资回收期。当两个比较方案的年产量 Q(净产量)相同时,有以下两种情况:

1) 方案 1 的投资大于方案 2 的投资,方案 1 的成本大于方案 2 的成本,投资越大成本越高,显然方案 2 比方案 1 为好(投资小的方案好)。

2) $K_1<K_2$，$C_1>K_2$，即投资小的成本高，投资大的成本低。
追加投资回收期 τ_a 计算公式为：

$$\tau_a = \frac{K_2 - K_1}{C_2 - C_1} = \frac{\Delta K}{\Delta C}$$

式中，τ_a 表示全部追加投资从成本节约额中收回的年限。当 τ_a 计算值小于国家或部门规定的标准投资回收期时（我国冶金工业系统过去在设计中常采用 5~6 年作为标准投资的回收期），表明投资大的方案 2 是比较好的；反之则投资小的方案 1 为好。同样，由于投资回收期的倒数是投资效果的系数，若计算出来的投资效果系数大于国家规定的标准值，则投资大的方案好，反之则投资小的方案好。

当两个比较方案的年产量 Q 不同时，即 $Q_1 \neq Q_2$ 时，若有方案 1 的单位产品成本 C_1/Q_1 大于方案 2 的单位产品成本 C_2/Q_2，方案 1 的单位产品投资 K_1/Q_1 大于方案 2 的单位产品投资 K_2/Q_2，则方案 2 肯定比方案 1 要好；但若 $C_1/Q_1 > C_2/Q_2$，$K_1/Q_1 < K_2/Q_2$，则有：

$$\tau_a = \frac{\dfrac{K_2 Q_1 - K_1 Q_2}{Q_2 Q_1}}{\dfrac{C_1 Q_2 - C_2 Q_1}{Q_1 Q_2}}$$

（5）多方案比较。若有两个以上的比较方案时，按可行方案经营费用大小的次序（或投资大小的次序）由小到大依次排列，把经营费用小（或投资小）的方案排在前面，然后用计算追加投资回收期（或投资效果系数）的方法进行一个个的淘汰，最后得出最佳方案。

例：设 K 为年投资额，C 为年经营费用。
方案 1：$K_1 = 1000$ 万元；$C_1 = 1200$ 万元。
方案 2：$K_2 = 1100$ 万元；$C_2 = 1150$ 万元。
方案 3：$K_3 = 1400$ 万元；$C_3 = 1050$ 万元。
标准回收期 $t = 5$ 年，试选出最佳方案。
解：(1) 方案 3 与方案 2 的比较。

$$t = \frac{K_3 - K_2}{C_2 - C_3} = \frac{1400 - 1100}{1150 - 1050} = 3 \text{ 年}$$

由于 3 年<5 年,故选方案 3。

(2) 方案 3 与方案 1 的比较。

$$t = \frac{K_3 - K_1}{C_1 - C_3} = \frac{1400 - 100}{1200 - 1050} = 2.67 \text{ 年}$$

由于 2.67 年<5 年,故选方案 3。

结果淘汰方案 1 与方案 2,取方案 3 为最优。

由于汇总比较步骤较为麻烦,方案多时容易出错,为简化起见,可采用"年计算费用法(最小费用总额法)"来选择最合理的方案。令方案 i 的总投资额为 K_i,年经营成本费用为 C_i,标准回收期为 t,则在标准偿还年限内,方案 i 的总费用 Z_i 为:

$$Z_i = K_i + tC_i \tag{4-1}$$

总费用最小的方案即为最佳方案。

若将式 (4-1) 除以标准回收期 t,令 $t = 1/E$,得

$$y = C_i + EK_i \tag{4-2}$$

式中　y——方案 i 的年计算费用;

C_i——方案 i 的年经营费用。

同样年计算费用 y 最小的方案为最佳方案。

在进行设计方案的技术经济比较时,除了计算与方案直接相关的投资外,还应从国民经济角度出发,计算对设计方案影响重大、关系密切的相关部门的投资与效果,如冶金矿山的建设、有关大型电站的建设等。在处理含多种金属矿物的原料时,还要进行主、副产品投资和成本分摊的计算。

上述比较方法中,所考虑的只是投资额、产品成本和产品价值等经济指标,由于这些经济指标不可能把所有影响方案选择的因素都包括进去,而且在概略计算时,某些条件对这些指标的影响不可能估计得准确,故方案的技术经济计算有时并不足以最后解决方案选择的问题,还需考虑其他一些影响冶金工厂建设和生产的条件,如建筑和安装的复杂程度、完工年限、工作安全程度、卫生条件、环境保护等,有时这些条件对最终方案的选择起着决定性的作用。

因此,选择最终方案时,经济效果是决定设计方案的主要依据,同时也应考虑其他因素。当几个方案的经济效果相差很大时,应首先

选择最经济的方案。如果几个方案的经济效果相差不大,而其他条件的差异较大时,则应选择其中条件较好的方案。

4.3.4 工艺流程的设计方法

工艺流程方案确定后,就要进行工艺流程的设计了。

工艺流程设计的主要任务,一是确定生产流程中各个生产过程的具体内容、顺序和组合方式;二是绘制工艺流程图,即以图解的形式表示出整个生产过程的全貌,包括物料的成分、流向及变化等。工艺流程设计的步骤和方法如下:

(1) 确定生产线数目。这是流程设计的第一步。若产品品种牌号多,换产次数多,可考虑采用几条生产线同时生产,这在湿法冶金厂和化工厂的设计中较为常见。

(2) 确定主要生产过程。一般是以主体过程作为主要生产过程的核心加以研究,然后再逐个建立与之相关的生产过程,逐步勾画出流程全貌。

(3) 考虑物料及能量的充分利用。

1) 要尽量提高原料的转化率,如采用先进技术、有效的设备、合理的单元操作、适宜的工艺技术条件等。对未转化物料应设法回收,以提高总回收率。

2) 应尽量进行"三废"治理工程的设计。

3) 要认真进行余热利用的设计,改进传热方式,提高设备的传热效率,最大限度地节约能源。

4) 尽量采用物料自流,如注意设备位置的相对高低,充分利用位能输送物料;充分利用静压能进料,如高压物料进入低压设备,减压设备利用真空自动抽进物料等。

(4) 合理设计各个单元过程或车间,包括每一单元车间的流程方案、设备形式、单元操作及设备的安排顺序等。

(5) 工艺流程的完善与简化。整个流程确定后,要全面检查和分析各个过程的连接方式和操作手段,增添必要的预备设备,增补遗漏的管线,阀门、采样、排空、连通等设施,尽量简化流程管线,减少物料循环量等。

4.3.5 工艺流程图的绘制

工艺流程图的幅面可考虑采用 A1 或 A2，一般不按比例绘制。工艺流程图按其作用和内容，可分为工艺流程框图、设备连接图和带控制点的工艺流程图或施工流程图三种。

4.3.5.1 工艺流程框图

工艺流程框图是最容易绘制的一种流程图，采用方格、文字、直线、箭头等表示从原料到产品的整个生产过程中，原料、燃料、水、添加物、中间产品、成品、"三废"物质等的名称、走向、引起物料物理和化学变化的工序名称以及重要的工艺数据。常用在初选工艺流程的方案讨论及通常的工艺概念介绍等方面，在一般书刊中尤为常见，其形式如图 4-1 所示。

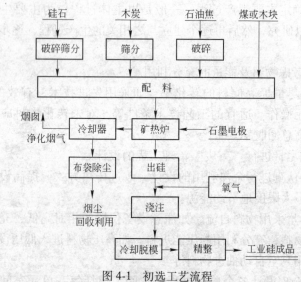

图 4-1 初选工艺流程

在绘制工艺流程框图时，应注意以下几点：

(1) 流程图中的原料、燃料、添加物、中间产品和产出的废料，在其名称下画一条横粗实线，如<u>铁块</u>、<u>烧结矿</u>、<u>水渣</u>、<u>烟尘</u>、<u>烟气</u>、<u>硅石</u>、<u>焦炭</u>等；最终产品名称下加一粗实线和一细实线，如<u>生铁</u>、<u>铝锭</u>、<u>焊管</u>等。

(2) 主要工序名称不能单独用设备名称表示，还要尽可能明确标出工序的特点，即把设备名称、冶炼方法、工序功能或表示程度、性质、次数等的名称明确表示出来，并加实线外框，例如 矿热炉熔炼 、 转炉吹炼 、 电解精炼 、 火法精炼 、 中性浸出 、 炉外二次精炼 、 一次洗涤 、 二次洗涤 等。

(3) 上下工序和工序与物料之间用实线联系，并加箭头表示物料流向；流程线应以水平线或垂直线绘制，线段交叉时，后绘线段在交叉处断开；若联系线段过长或交叉过多时，为了保持图面清晰，可直接在线段始端或末端用文字表示物料的来源或去向。

(4) 如某一过程有备用方案时，备用方案工序名称外框线和与该工序联系的线段用虚线表示。

4.3.5.2 设备连接图

设备连接图又称为装置简示流程图，如图 4-2 和图 4-3 所示。其

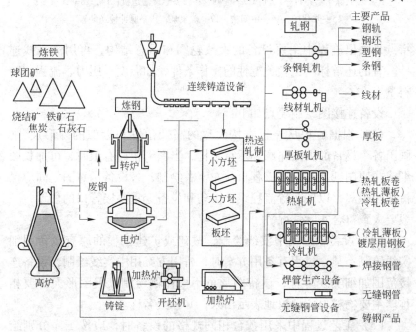

图 4-2 装置简示流程图

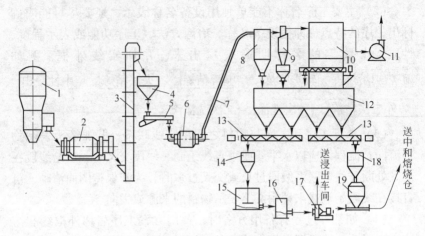

图 4-3 锌焙砂贮存及输送装置设备连接图

1—液态化焙烧炉；2—冷却圆筒；3—斗式提升机；4—料仓；
5—电磁振动给料机；6—球磨机；7—输送管；8—沉降室；9—旋风收尘器；
10—袋式除尘器；11—风机；12—贮砂仓；13—螺旋输送机；14、18—计量斗；
15—浆化槽；16—中间槽；17—矿浆泵；19—脉冲输送装置

特点是画出流程中主要设备的大致轮廓和示意结构，再用流程线连接。有的还常标明比较关键性的操作条件，如温度、压力、流程、物料量等。

设备连接图绘制要点如下：

（1）根据流程从左至右按大致的高低位置和近似的外形尺寸，画出各个设备的大致轮廓和示意结构，当图纸幅面有限时，可加长图纸或在原图纸上往下按流程再从左至右绘制；各设备示意图之间应保持适当距离，以便布置流程线；设备和设备上重要接管口的位置，一般要大致符合实际情况。

（2）设备轮廓用中实线绘制，改建或扩建工程的原有设备用细实线绘制；某一过程有备用方案时，备用方案用中实线绘制，设备连接范围加细实线外框；设备图形可不按比例绘制，但图形大小要相称。主要物料也应形象地表示出来，并标其名称。

（3）工艺过程中采用数台相同规格的设备时，应按工序分别绘制；同一工序的相同设备只绘制一个图形，用途不同时则按用途分别表示；同一张图纸上的相同设备用同一种图形表示。

（4）用粗实线画出主要物料的流程线，用稍粗于细实线的线画出一部分其他物料（如水、蒸汽、压缩空气、真空等）的流程线，在流程线上画出流向箭头，线段交叉、线段过长和交叉过多时的画法与工艺流程框图的画法相同。

（5）设备连接图一般不列设备表或明细表，设备名称、主要规格、数量可直接标注在设备图形旁，如IS300水泵6台标注为：

$$\frac{水泵\text{-}6}{IS300}$$

外专业设备和构筑物可只标注名称、数量和专业名称，如料槽8座，表示为料槽-8/土建专业；风机4台，表示为风机-4/热工专业。对于较复杂的设备连接图，为清楚起见，一般要对设备进行编号，并在图纸下方或其他显著位置按编号顺序集中列出设备的名称，这在一般书刊中更为多见。

为了给工艺方案的讨论和施工流程图的设计提供更为详细的具体资料，还常常将工艺流程中关于物流量、温度、压力、液面以及成分等测量控制点画在上述两种图形的有关部位上，这种图样与工艺施工流程图较为接近。

4.3.5.3 工艺施工流程图

工艺施工流程图又称为工程流程图或带控制点的工艺流程图。这种图形应画出所有生产设备（包括备用设备）和全部管路（包括辅助管路、各种带控制点以及管件、阀门等），是设备布置图和管道布置图的设计依据，也可用于指导施工。图4-4所示为一工艺施工流程图实例。

由图4-4可见，这种图内容详尽，但仍然是一种示意性的展开图。图中设备按一定比例用细实线画出示意图形（当设备过大、过长或过小时，也可不按比例），并按流程顺序编号和注写设备名称，设备编号一般应同时反映工艺系统的序号和设备的序号。图中一般应画出全部的工艺设备及附件，当有两套或两套以上相同系统（或设备）但仅画出一套时，被省略部分可用双点划线画矩形框表示，在框内注明设备的编号和名称，并给出与其相连的一段支管。对于

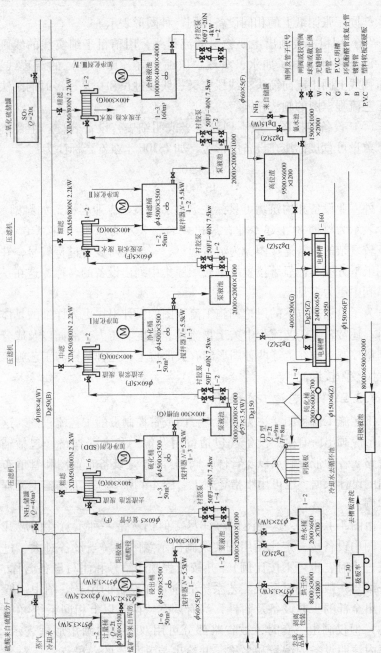

图 4-4 年产 600 万吨电解锰生产流程图

用途和规格相同的设备,可在编号后加注脚码,如试液泵2051、试液泵2052、试液泵2053,仅画出一台时,则在编号中应注全,如2051-3是表示该种设备有3台。若流程简单,设备较少时,设备名称可填在设备编号标注线之下。流程复杂时,则可在标题栏上方编制设备一览表,自下而上列出序号、设备编号、名称、规格及备注等。

流程图中工艺物料管道用粗实线,辅助管道用实线,仪表管用细实线或细虚线,流程管线除应画出流向箭头,并用文字注明其来源和走向外,一般还应标注管道编号、管材规格以及管件、阀件和各种控制点的符号或代号,并在图幅的显著位置编制图例,说明这些符号和代号的含义。管线同样应以水平或垂直绘制,尽量避免穿过设备或使管线交叉,必须交叉时,后绘线段在交叉处断开。当辅助管道系统比较简单时,可将总管绘制在流程图的上方并向下引支管至有关设备内;比较复杂时,需另画辅助管道系统图予以补充。

工艺施工流程图一般以车间(装置)或工段(工序)为主项进行绘制,原则上一个主项绘一张图样,如流程复杂可分为数张,但仍算一张图样,使用同一个图号。绘制比例一般为1∶100,也有采用1∶200或1∶50的,未按比例绘制时,标题栏中"比例"一栏不予注明。

表4-3为带控制点的工艺流程图中常用参量代号及功能代号一览表,可供绘图和识图参考。

4.3.5.4 流程图常用符号

为形象地描绘流程中的设备和管件,规定了一些常用流程图符号,但这些符号目前尚未完全统一,不同部门所采用的符号有时差距很大,因此,在流程图中特别是工艺施工流程图中,还需对这些符号用图例加以说明。

4.4 设计委托书的要求

在工艺流程确定后,设计委托是工艺专业的又一重要工作职责。由于工艺专业是工程设计中的主体,其他所有专业的设计条件必须由工艺专业提出后,其他专业才能开始设计工作。

表 4-3 常用参量代号及功能代号

序号	参量或功能	代号	序号	参量或功能	代号
1	长度	L	21	液位	H
2	宽度	B	22	热量	Q
3	高度	H	23	转速	N
4	半径	R 或 r	24	频率	f
5	直径	ϕ	25	分析	A
6	直径（外径）	D	26	浓度	c
7	直径（内径）	d	27	湿度	Φ
8	公称直径	Dg	28	氢离子浓度	pH
9	厚度	δ	29	指示	Z
10	位移	S	30	记录	J
11	面积	A	31	调节	T
12	体积	V	32	积算	S
13	质量	G 或 W	33	信号	X
14	重度	γ	34	手动遥控	K
15	温度	T	35	比例	M
16	温差	ΔT	36	效率	η
17	压力	P	37	弧度	⌒
18	压差	Δp	38	角度	θ
19	公称压力	Pg	39	坡度	i
20	流量	Q 或 G			

工艺专业提出设计条件一般用委托任务书的形式提交，设计委托任务书是各专业进行设计的依据。下面概略介绍给各专业提出的设计委托任务书的主要内容。

4.4.1 总图运输和水运工程

4.4.1.1 委托总图运输设计的资料项目

（1）按原料品种和产地分别列出的运输量和进出原料车间的运输方式。

(2) 标有建、构筑物外形,标高及定位尺寸,相关铁路、公路位置和场地标高的工艺平面图。

(3) 作业班制和年作业天数。

(4) 安装检修通道的位置,必要时需提出设备最大件的重量及外形尺寸。

(5) 预留发展要求。

4.4.1.2　委托水运工程设计的资料项目

(1) 按原料品种和产地列出的运输量和特殊装卸要求。

(2) 各种水运原料的粒度、堆密度、含水率等。

(3) 作业班制和年作业天数。

(4) 标有关系尺寸及设备规格型号的设计衔接点工艺平面图、剖面图。

(5) 根据与水运工程设计单位的协议,需由工艺专业提供的其他设计资料。

4.4.1.3　运输量的委托

(1) 各种原料的运输量等于原料实际使用量、运输损耗和所含水分三项之和。通常,原料使用量由各用料专业提供,在规划和可行性研究阶段,无可靠资料进行计算时可依据经验进行估算。

(2) 原料进厂后的全部运输损耗一般为 1.5%～3%,大厂取小值,小厂取大值。

(3) 进厂原料的含水率因地区和品种而异,一般为 1%～20%。

4.4.1.4　运输通道的委托

(1) 车间的各组成部分尽可能通达公路,理想的交通条件是车间四周围绕公路,而从原料进厂到产品出厂都伴随着公路。对于无法通达公路的部分,应在总图布置上留有设置临时道路和检修安装场地的可能性。

(2) 车间主要建、构筑物四周应留有一定空间场地,供临时堆置设备和检修材料之用。

(3) 规划车间有预留发展要求时,应将预留通道一并考虑在内。

4.4.2 建筑和结构

4.4.2.1 委托建筑和结构设计的资料项目

(1) 工艺平面图、剖面图中需标出所有建、构筑物的平面外形及尺寸，初定的柱网布置。设有起重设备的建、构筑物还应标出吊车轨顶标高或工字梁底面标高；多层建、构筑物还应标出各层标高；料仓、料槽还应标出容积、上下口尺寸和标高等。

(2) 建、构筑物结构形式，防雨、防水、防腐、防磨损、采暖通风和防火等级方面的特殊要求。

(3) 主要荷载，包括重要和多层建、构筑物，料仓，料槽，料场地坪，大型设备和门型起重机的轨道基础等的荷载或最大轮压，室内起重设备的最大起重吨位和最大轮压节等。

(4) 作业班制、定员表、最大班人数和女工比例。

4.4.2.2 设计荷载的委托

作用于建、构筑物上的荷载分为工艺荷载和非工艺荷载两大类。工艺荷载是工艺作业设备作用于建、构筑物上的荷载，由工艺专业负责提出；非工艺荷载一般是指行人、积尘、积雪、积水和其他非工艺原因作用于建、构筑物上的荷载，由建筑和结构专业自行决定。

工艺荷载一般分为设备集中荷载和设备四周场地的均布荷载两种。

(1) 设备集中荷载。设备集中荷载包括静荷载和动荷载两部分，委托设备集中荷载时，还要考虑这两部分荷载超载的可能性。通常设备集中荷载等于设备静荷载、动力系数（1~6）和超载系数（1.2~1.5）的乘积。

1) 设备静荷载。静荷载是静止状态下，设备作用于建、构筑物上的荷载。基本的设备静荷载，多数情况下就是设备的自重，另一部分基本的设备静荷载需由计算确定，如带式输送机各部分作用于建、构筑物的垂直力和水平力，埋设吊环处承受的拉力和剪力等。此外，设备上一般还有附加的静荷载，包括：

①附属设备的重量，如主体设备上的防尘罩、漏斗、溜槽和设备底座等的重量；

②设备上承载的物料重量；

③事故状态下可能增加的物料重量，如堵料时，物料可能将输送机头部漏斗充满，物料可能溢出仓顶面以上等。

提供委托设计的资料时，注意不要遗漏任何一项设备静荷载。

2) 设备动荷载。动荷载是启动、制动或设备运转时，设备作用于建、构筑物上的荷载，一般动荷载可根据已知设备参数进行计算；绝大部分情况下，采用设备静荷载乘以动力系数的方法予以考虑。

3) 设备的超载。实际的设备静荷载和动荷载都有可能超过规定值。如设备的实际重量可能超过产品样本上的重量；实际的物料堆密度超过计算数值等。设备超载的可能性，通常用设备荷载乘以超载系数的方法予以考虑。

4) 设备集中荷载委托要求如下：

①建筑和结构专业在考虑设备动荷载和超载条件时，可能会采用其他方法，因而在提供委托设计资料时，应将静荷载、动力系数（或动荷载）和超载系数逐项列出，一并提供给建筑和结构专业，不必算出设备集中荷载的总值；

②在委托给建筑和结构专业的工艺平面图、剖面图上，应标出荷载的方向和作用点的位置；

③设于吊车梁或屋架上的各类起重设备，除要求提供设备自重和最大轮压外，还要求提供同一跨间的起重机台数、轮距和工作级别等资料；

④进出转运站的输送机为多线并列时，要提供输送机同时启动、同时运转的线路等资料；

⑤对于有较大振动荷载的破碎机等设备，需提供设备的振动频率、振幅等资料，供建筑和结构专业计算确定动荷载（扰力）大小；

⑥有条件时，对于大型工程的重要设备，最好用计算法准确地确定动荷载的大小和超载的可能程度，以便在确保建、构筑物绝对安全的条件下，尽量节省投资。

（2）设备四周场地的均布荷载。设备四周场地的均布荷载是在设备安装或检修时，临时作用于其四周的场地、楼板、平台和走道上的荷载，俗称活荷载。包括：

1) 放置或拖运设备荷载。
2) 堆置材料和工具的荷载。
3) 安置起吊设备或临时挂吊重物的荷载。
4) 安装或检修工人负重或扛抬重物通行的荷载等。

以上这些荷载的性质难确定,作用点不固定,根据经验常将它们设定为均布荷载并取值。

指定用途的楼板和平台,最好根据实际需要准确计算活荷载值,以确保建、构筑物的安全和节省投资。

(3) 火车和汽车荷载。

1) 通行火车和汽车的铁路、公路和场地地坪荷载,一般由总图运输专业确定,需由工艺专业确定荷载的,主要是车间内部和火车受料槽上的铁路、地下式汽车受料槽附近的道路和地坪、高架式汽车受料槽的引桥和地坪、车间内部停留汽车的地坪和道路等。

2) 火车荷载一般均按铁路标准荷载(俗称中华-22级)提供,它实际上是铁路机车的各轴荷载。

3) 汽车荷载一般按标准荷载中的汽车-20级提供。

4.4.2.3 设备基础和埋设件的委托

设备基础和埋设件的委托要求,必须符合建筑和结构专业的有关规范,使其在技术上可行。当满足这些规范要求有困难时,应与建筑和结构专业事先商量处置办法。

A 设备基础设计要求

设备基础设计要求如下:

(1) 除岩石地基外,设备基础不应与厂房基础相连,特别是破碎机和磨机的基础;当两基础处于同一标高时,其间隙不应小于100mm。

(2) 设备底座边缘至基础边缘的距离一般不应小于100mm,对于破碎机和磨机基础,不宜小于150mm。

(3) 设备基础一般不宜与厂房结构和构件直接相连,但对次要的平台柱、梁和板等,在采取相应措施后,可自由搭放在设备基础上。

(4) 二次浇灌层的厚度一般为50mm。

B 地脚螺栓设计要求

地脚螺栓设计要求如下：

（1）地脚螺栓中心距基础边缘的距离不应小于 $4d$（d 为地脚螺栓直径），且最小不应小于 150mm。

（2）设备的地脚螺栓可采用死螺栓和活螺栓两种形式。死螺栓的锚固有三种方式。

1）一次埋入法。浇灌混凝土时，把螺栓埋入。

2）预留孔法。浇灌基础混凝土时，预先留出孔洞，放入螺栓并调整设备就位后，用无收缩细石混凝土或细石混凝土灌入孔内固定。

3）钻孔锚固法。基础混凝土浇灌完毕并达到一定强度后，按要求钻孔，用环氧砂浆或其他胶结材料注入孔中，插入地脚螺栓，经一定养护期后再安装设备。

活螺栓的锚固是螺栓穿过埋设于基础中的套管，下端以T形头、固定板或螺帽固定，在套管上端 200mm 范围内，填塞浸油麻丝予以覆盖保护。当设备固定于钢结构楼板或平台上时，一般采用活螺栓方式。

4.4.2.4 贮料场地坪及轨道基础的委托

（1）贮料场地坪及轨道基础的设计要求要同时委托，以便建筑和结构专业统一考虑基础处理方案。

（2）在委托建筑和结构专业的工艺平面图、剖面图上，需标注料堆的形状、堆高、堆积角和平面尺寸，堆积物料的最大粒度和堆密度，要求的单位面积堆存量（t/m^2）等。

（3）贮料场堆料方式和分期堆高要求。

（4）堆取料机和门式起重机的最大轮压、轮距，钢轨型号，端部缓冲器的中心标高，锚固器和车挡设置要求。

（5）与贮料场地坪和轨道基础相关联的设备安装和检修基础的各部标高，各承力点的荷载、外形尺寸和定位尺寸等。

4.4.2.5 起重机械用建、构筑物的委托

（1）设备集中荷载资料。

（2）轨顶标高及钢轨型号、工字梁底标高及型号、操作室位置

及进出操作室方向、上下操作室平台的标高及其楼梯的位置等。

(3) 起重机顶部与厂房屋架下弦的最小距离。

(4) 电动葫芦和手动单轨吊的轨道工字钢型号、轨底标高、曲率半径及定位尺寸,电动葫芦检修平台的标高、平面尺寸和位置。

4.4.2.6 料仓和料槽的委托

(1) 料仓和料槽的几何形状及尺寸、顶面标高、锥形斗嘴倾角、位置及定位尺寸、初定的支承梁柱位置。

(2) 要求的有效容积,贮存散状原料的粒度和粒度组成、堆密度、含水率、磨蚀性等。

(3) 仓壁防护要求,仓顶格栅的位置和格孔尺寸,人孔和爬梯位置等。

(4) 仓壁振动装置的位置,要求的开孔尺寸和定位尺寸等。

(5) 料仓结构要求。

(6) 料仓设有压力传感器时,要标出其位置和压力传感器的相关尺寸。

4.4.3 机械设备

委托机械设备专业或设备制造厂设计的资料项目如下:

(1) 设备的名称、用途和平均作业能力。

(2) 设备的结构形式和标有主要控制尺寸的简图。

(3) 作业对象的特性,包括散状原料的粒度、温度、含水率、堆密度、堆积角、磨蚀性等,整件货物的体积和外形尺寸等。

(4) 工作制度,包括年工作日、日作业班制和作业小时数、工作级别、间歇作业设备的周期等。

(5) 安装地点的环境条件,包括温度、湿度、风速以及防爆、防水、防尘和防噪声要求等。

(6) 表明设备性能特征的主要参数。

(7) 设备动力源及供应方式,包括电动设备的电源种类、供电电压,移动式用电设备的供电方式,液压和气动设备的动力源、接口处压力和管径等。

(8) 传动方式和要求,包括机械传动的传动类型,是否需要液力耦合器、制动器和防逆转装置等;液力转动的液力泵类型和压力级别等。

(9) 设备润滑方式和要求。

(10) 设备操作方式和装备水平,包括机上检测仪表、监视和通信设备的设置要求,操作室防寒采暖防尘条件等。

(11) 安装要求,包括搬运时的尺寸、体积和重量限制,拼装要求,对最大件重量的限制和安装用钩环的设置等。

(12) 其他需由工艺专业决定的特殊要求,如链斗卸车机和螺旋卸车机下是否需要通过机车等。

4.4.4 电力

4.4.4.1 委托电力设计的资料项目

(1) 电力负荷和供电电压,包括用电设备装机总容量(kW)、总需要系数(%)或同时作业的最大容量,逐一列出用电设备的名称,电动机型号、容量、台数和电压等级。直流用电设备另行开列。

(2) 标有用电设备和操作室位置的工艺平面图、剖面图。

(3) 工作制度,包括年工作日、日作业班制和运转小时数。

(4) 设备联锁要求,设备联锁图和联动系统设备组合表。

(5) 操作方式和控制水平,包括启动、停机、紧急停机、故障、系统组合、系统转换和控制联动转运方式与设备的联动程序和要求等。

(6) 照明要求,包括生产照明、事故照明和设备检修时的临时照明等。

(7) 设备保护和安全措施。

(8) 检修用电焊机和硫化器插座要求。

4.4.4.2 设备联锁的委托

(1) 设备联动系统中,某一设备的开停对其前后设备产生影响的,都必须联锁。非联动系统的单独作业设备不参与联锁。

(2) 联动系统的联锁要求一般如下:

1) 启动时,自系统的终端设备开始,逆物料输送方向顺序启动。

2)停机时,自系统终端的供料设备开始,顺物料输送方向依次停机。

3)当某一设备故障停机时,其来料方向的所有设备同时停机,后面的设备继续运转,直至物料全部排空为止。

4)用手按动中控室或机旁的紧急停止开关,可使联动系统所有设备一起停机。

5)联动系统中的破碎机和磨机必须先于联动系统的其他设备启动,并于系统其他设备停机后延时停机。

6)除有特殊要求的设备外,系统中移动设备的走行机构一般不参与联锁。这类移动设备包括其他堆取料机、卸料车和梭式输送机等。

(3)联动系统中的作业系统的名称及其组成设备的代号,应列表供给电力专业。

(4)委托联锁要求时,必须同时提供设备联锁系统图。

4.4.4.3 操作方式和控制要求的委托

(1)车间的联动系统必须采用集中操作。大中型企业一般设中央控制室,小型企业一般设独立的操作室。

(2)联动系统的操作方式有自动、半自动、手动和机旁手动四种,其中机旁手动在任何条件下都是必需的,基本按一台设备一台手动操作箱设置。其他三种集中操作方式应根据系统的控制与管理所定原则进行选择。

(3)输送机线的运转方式,包括启动、停机、紧急停机、故障、系统组合、系统转换和卸料控制七种功能要求,均采用联动运转方式,实行有效的联锁。启动、停机、紧急停机和故障停机是任何设备运转都必须具备的基本功能。

4.4.4.4 设备保护和操作信号的委托

(1)带式输送机的设备保护项目。有输送带跑偏、打滑、纵向撕裂、断裂和头部漏斗堵料等。

(2)移动设备的限位保护。除设有车挡外,还必须设置双程限位保护,即一程报警减速、二程报警并紧急停车;限位开关设于移动设备行程的两端,并尽量不使移动设备碰车挡。

(3) 清除金属和其他杂物。主要是检出混入原料中的金属杂质和大块非金属杂物，用以保护输送机、破碎机和其他重要设备不被损坏和堵塞。

(4) 开车信号。联锁系统开始作业前，发出声光信号并维持20~30s，通知沿线人员离开设备，然后再启动设备；声光信号应沿系统设置在人员可能看到和听到的地方。在各类车间的所有联锁系统沿线，不管有无自动广播和生产扩音等设备，都必须设置声光开车信号。

(5) 事故开关。所有作业设备的近旁都必须设有标志明显的事故紧急停车开关，操作工人能方便使用。带式输送机线的事故开关应沿线设置，每隔30~50m设置一个。

(6) 行走报警信号。设置报警信号，在设备移动的同时发出间断的或连续的声光信号。

4.4.4.5 照明要求的委托

(1) 各类建、构筑物和设备的一般照明要求，由电力专业根据有关规定自行确定；特殊的照明要求由工艺专业委托。

(2) 贮料场和混匀场等露天作业场地，除作业设备自身需有相应的照明设备供司机观察作业情况外，一般设有场地灯塔照明，灯塔座数和位置由工艺和电力专业协商确定。

(3) 固定设置的主要工艺设备，一般需设置检修照明插座。

(4) 厂房除设置一般照明外，还需设置事故照明。

(5) 贮料槽、配料槽和容积较大的输送机头部漏斗等处，需设置安全电压的手提式照明设备。

(6) 地下构筑物的照明，需设置单独的照明开关。

4.4.5 自动化仪表和电信

4.4.5.1 委托自动化仪表设计的资料项目

(1) 混匀配料槽定量配料装置的控制。包括混匀配料槽的槽容和槽数，连同最大料重在内的每槽最大重量；给料设备和称重设备的规格型号，电动机型号、功率和转速；称量设备上的每米料重，原料堆密度和系统精确度要求，排料能力及调整范围；仓壁振动器的规格型号,混匀配料槽支撑传感器设置要求和布置位置以及联动控制要求等。

(2) 原料计量。包括电子皮带秤和其他形式电子称重设备的用途、设置地点、规格型号和台数,原料的堆密度和称量精度要求,现场环境条件,仪表盘安装位置(包括是否需要双表头),控制信号的输出要求等。

(3) 料位检测和报警。包括料仓料槽的名称、数量、贮存原料的名称,检测点的位置,测量精确度和信号的输出要求等。

(4) 主机设备的规格型号,测点位置,安装条件,最高测量温度、流量、压力和控制信号的输出要求等。

(5) 标有各种控制和检测设备安装位置的工艺平面图、剖面图。

(6) 设有计量设备的联动系统设备联锁图。

4.4.5.2 委托电信设计的资料项目

(1) 生产调度电话(直通电话)用户表。

(2) 对讲通信电话用户表和关系图。

(3) 自动电话用户表。

(4) 无线通信统计表。

(5) 有线广播或生产扩音统计表。

(6) 工业电视统计表和首(摄像机)尾(监视器)关系图。

(7) 标有建筑物和主要设备的名称和位置的平面图、剖面图。

4.4.5.3 委托铁路信号设计的资料项目

(1) 翻车机卸车作业线、火车地下受料仓、链斗卸车机和螺旋卸车机等铁路作业设备的作业方式及其与车场作业的联络信号要求;信号设置地点和环境条件等。

(2) 翻车机卸车作业线、重车作业区的轨道电路设计要求和空车铁路区段的铁路警示信号要求等。

(3) 翻车机卸车作业线工艺平面图。

4.4.5.4 配料控制和原料计量的委托

(1) 大、中型企业的混匀配料槽一般采用自动控制的定量给料装置。定量给料装置的系统称量精确度不低于±1%,在可能条件下尽量选择更高的精确度，以确保混匀矿质量指标的有效性。

（2）定量给料装置的控制设备和操作盘，应尽量设于中控室并靠近联动系统的操作台，以方便观察和操作；条件不具备时，也可在混匀配料槽附近设独立操作室。

（3）计量电子皮带秤一般用作进出原料车间和车间内工序间的计量，大、中型企业计量秤的仪表盘设在中控室，有条件时也可设双表头，将其中的一个仪表盘设在机旁。

（4）控制用电子皮带秤和兼作控制用的计量电子皮带秤主要用于控制取样机动作、贮料场取料机的取料量和带式输送机料流情况（充作料流信号）。无需中控室观察的这类电子秤，也可将仪表设在机旁。

（5）电子皮带秤安装的位置和其他技术要求。

4.4.5.5 料位检测要求的委托

（1）大、中型企业的各种贮料槽、配料槽和部分受料仓设置的料位检测装置，一般至少设有高料位和低料位两个测点。需要时，尚可考虑增加1个中间测点，作为要求或允许装料的信号。有条件时最好采用可连续显示料位的检测装置。

（2）高料位与仓满位置间应留有足够的距离，以确保从停止装料信号发出到装料停止期间装入的料不溢出槽外。

（3）低料位仓与空仓位置间应有足够的距离，以确保从要求装料信号发出到装料设备开始往料槽装料期间，槽内仍有一定余料，避免空槽装料时对槽下排料设备的冲击。

（4）自动化水平要求不太高时，火车和汽车受料仓可只设一个低料位，并在操作室内显示仓内存料情况，此时低料位即被视为空仓信号。

4.4.5.6 各类通信的委托

（1）生产调度电话（直通电话）。生产调度电话的总台设在中控室的操作室内，用户主要包括：

1）各车间的调度室、工厂总调度室；

2）主要联系单位的调度室，包括各作业区、供电车间、供水车间等单位的调度室；

3) 车间内部的主要生产岗位,各个有人值班的转运站、制样间、化验室、电气室、污水净化站等。

(2) 对讲通信电话。对讲通信电话的总台设在中控室的操作室内,各分台设在分操作室和重点生产岗位的值班室内,对讲通话点的点数和设置位置应使各生产岗位工人都能就近与总台或分台通话。

(3) 自动电话。车间的自动电话一般只设于中控室,各分操作室,行政、生产和技术管理部门的办公室等处。

4.4.6 计算机

委托计算机专业设计的资料项目,除前述电力(照明除外)、自动化仪表和电信(铁路信号除外)委托资料要悉数提供外,还需提供如下资料:

(1) 计算机的控制范围;
(2) 计算机控制功能项目与示意图;
(3) 输出报表和显示画面的名称和内容;
(4) 车间计算机之间的信息交换和数据传输要求。

4.4.7 给水排水

4.4.7.1 委托给水排水设计的资料项目

(1) 各给水点的用水量、用水制度,对水温、水压和水质的要求;
(2) 需喷洒水、覆盖剂和防冻剂的用量及对有关装置设置的要求;
(3) 建(构)筑物和场地排水要求;
(4) 标有给水点位置,建、构筑物和场地尺寸,用水设备接口坐标和接口管径的工艺平面图、剖面图。

4.4.7.2 用水量和供水要求的委托

车间的生产用水,主要用于设备冷却、冲渣、清洗、洒水防尘、冲洗进出贮料场的车辆和冲洗楼板地坪等,其用水量和供水要求各不相同。

(1) 设备冷却用水的水温和水质均有较高要求,委托供水要求时，一般应以产品样本和说明书所载要求为依据。

(2) 冲渣、清洗输送带和冲洗车辆，一般均采用各自独立的循环供水和水处理系统。使用浊环水，定期补充少量新水。补充新水的用水量由给水排水专业自定。

(3) 贮料场洒水一般按喷头洒水能力确定用水量。喷洒水管设于料堆两侧，一侧喷头同时喷水或分组先后喷水，然后另一侧喷头同时或分组喷水。有多条料堆时，可按此程序逐个料堆顺次洒水。一般每日喷洒3次，每次3~5min。洒水的控制可采取中控室遥控和机旁操作两种方式，根据车间总体控制水平选择。

(4) 车间冲洗地坪的场所主要是厂房内易积尘和污泥的楼板、平台、走道和地坪。为保证冲洗效果，地坪需有不小于1%的坡度，有条件时可设2%~3%的坡度。地坪不应漏水，并在孔洞和墙边设放水凸台，其高度不小于50~100mm。

4.4.7.3 排水要求的委托

(1) 地下受料槽沟底和地下输送机通廊等地下构筑物的地面，需有5%~10%的排水坡度和排水沟槽，并设置积水坑，用砂泵抽排积水。

(2) 翻车机作业线的重车铁路和空车铁路的沟和卷扬机房、摘钩平台和迁车台坑、带式输送机浅沟式通廊和重锤坑等浅沟式地下构筑物，除沟面有排水坡度及排水沟槽外，应尽量利用地形通过管沟排出积水。无地形可利用时要设置临时抽排设备。

(3) 露天场地的雨水需采取有效措施及时排除，防止积水。

(4) 洗矿后的含泥污水，冲洗输送带、汽车和地坪的污水，暴雨后的贮料场排水等，均需经处理后才能排出场外，沉淀后捞出的含铁污泥应争取利用。

4.4.8 采暖通风

4.4.8.1 委托采暖通风设计的资料项目

委托采暖通风设计的资料项目如下：
(1) 除尘点的名称、位置和对除尘方式的特殊要求。
(2) 扬尘原料的名称、堆密度、粒度和原始含水率等。

(3) 除尘设备的作业方式和建议的安装位置。
(4) 建（构）筑物和设备通风要求。
(5) 采暖建、构筑物的名称，主要尺寸和特殊采暖要求。
(6) 设备的防噪声要求。
(7) 标有建（构）筑物尺寸和设备定位尺寸的工艺平面图、剖面图。

4.4.8.2 除尘要求的委托

(1) 车间粉尘的来源，主要是各种散状物原料在装卸、运转和破碎筛分过程中产生粉料并被扬起，设备尾端排出的带尘烟气、煤气等。

(2) 原料车间的除尘多数采用洒水除尘方式，当不允许对原料洒水或洒水除尘无效时，才采用抽风除尘，如铁合金炉、高炉布袋除尘。但无论采用何种除尘方式，都应该尽可能对尘源处予以密闭。

4.4.8.3 采暖要求的委托

(1) 在北方采暖地区，气温过低影响设备运转时，应按规定设置采暖设备。

(2) 设计需采暖的建、构筑物时，应预先留出设置采暖设备的位置。

4.4.8.4 通风要求的委托

车间的通风场所主要是密闭的地下构筑物、灰尘浓度大的车间、要求排风的密闭料槽和特种电机。

4.4.9 工业炉

设计加热、烘干机的燃烧室，风扫磨的热风炉和解冻室的燃烧炉时，委托工业炉专业设计的资料项目如下：

(1) 待加热、干燥和需解冻的物料名称，初始和最终含水率，物料粒度。

(2) 燃料品种和供应条件。

(3) 干燥设备的总装图、烘干能力（t/h）和转速等。

(4) 风扫磨热风炉尺寸要求，热风温度和供风要求，热风管的接口尺寸和接口位置等。

(5) 加热和干燥间、风扫磨间、解冻室的平面图和剖面图。

4.4.10 热力和燃气

4.4.10.1 委托热力设计的资料项目

委托热力设计的资料项目如下：

(1) 冷风、蒸汽、压缩空气用气点的名称、用气量、接口压力和供气要求。

(2) 标有冷风、蒸汽、压缩空气用气点坐标位置和接口管径的工艺平面图、剖面图。

(3) 作业班制和年作业天数。

4.4.10.2 委托燃气设计的资料项目

委托燃气设计的资料项目如下：

(1) 煤气、氧气、氮气、液化气和燃油的用量、接口压力和供气要求。

(2) 标有煤气、氧气、氮气、液化气和燃油使用点坐标位置和接口管径的工艺平面图、剖面图。

(3) 作业班制和年作业天数。

4.4.11 机修和检验

4.4.11.1 委托机修设计的资料项目

委托机修设计的资料项目如下：

(1) 车间的规模和组成。

(2) 作业班制和年作业天数。

(3) 主要设备明细表和设备总重量。有条件时，可提出主要设备的易损件名称、规格、材质、消耗定额和备品备件要求。

(4) 中小修时间、间隔和关于设立修理间及其修理内容的建议。

(5) 标有修理设施位置的工艺平面图。

4.4.11.2 委托检验设计的资料项目

委托检验设计的资料项目如下：

(1) 各种原料的名称、进厂方式、日到达批量和年处理量等。
(2) 各种原料的基本理化性质,包括主要化学成分、粒度和粒度组成、含水率、主要成分含量的标准偏差等资料。
(3) 要求的检验化验项目。
(4) 作业班制和年作业天数。
(5) 标有取样设备位置的工艺平面图。

4.4.11.3 修理项目和修理量的委托

(1) 大、中型企业一般设有修理间,小型企业不设独立的修理间。
(2) 修理量可由机修专业根据设备总重量和车间的作业特性自行确定。

4.4.11.4 检验化验要求的委托

(1) 工厂规模不同对检验化验设备的要求不同,大中型企业一般设有检验室或原料试验中心。
(2) 检验化验项目根据冶炼生产的要求确定。

4.4.12 技术经济

委托技术经济专业设计的资料项目如下:
(1) 车间的规模、组成和产品方案。
(2) 作业制度和年作业天数。
(3) 包括水、电、风、气消耗量在内的主要技术经济指标表。
(4) 按作业班制和生产岗位详细列出的定员表。
(5) 工厂现状、改建或扩建前后的比较、经济效益和社会效益以及计算两种效益需要的其他资料。
(6) 预留发展的初步设想或具体规划。

4.4.13 能源、环保、安全和工业卫生

4.4.13.1 委托能源设计的资料项目

委托能源设计的资料项目如下:
(1) 电、煤气、液化气、焦炭、燃油和各类煤的消耗总量,折

合标准煤的消耗总量和单位能耗（吨煤/吨料）。

(2) 节能措施和效果。

(3) 能源方面存在的问题及可能采取的解决方案。

4.4.13.2 委托环保设计的资料项目

委托环保设计的资料项目如下：

(1) 现有环保设施及污染控制情况。

(2) 主要污染源。

(3) 采取的各项环保措施。

(4) 废弃物的综合利用和处理措施。

4.4.13.3 委托安全和工业卫生设计的资料项目

A 安全技术方面

(1) 预防暴雨和暴风雪等自然灾害的措施。

(2) 防火措施。

(3) 防止运输和装卸伤害的措施。

(4) 防止机械伤害和人体坠落的措施。

(5) 防止可燃气体、粉尘爆炸和气体中毒窒息的措施。

(6) 防止热辐射和触电伤害的措施。

B 工业卫生方面

(1) 车间尘源、毒源及其控制措施。

(2) 岗位噪声、振动及其防治措施。

(3) 防暑降温和防寒措施。

4.4.14 工程经济

委托工程经济专业设计的资料项目如下：

(1) 车间的规模和组成。

(2) 设备及安装工程概算表，包括设备名称及主要规格型号，重量，单、总价值及其依据等。

(3) 建筑工程概预算表，包括建、构筑物或工程名称，建设内容，计算单位及工程量等，委托建筑和结构专业设计，并由该专业提供此表。

(4) 概算总值一般可分子项列出。

设计委托任务书的深度可根据工程项目的大小、工程内容的复杂程度、设计阶段的不同而增减，如炼铁专业给各专业提出设计委托任务书的内容就与上述内容略有差别。

4.5 设计说明书

工艺设计说明书是工艺专业阐述工艺生产原理，工艺流程，产品规格及规模，主要原材料及用水、用电、用气等规格和数量，对生产控制及生产检验分析的要求，"三废"排放情况等的文本文件。工艺设计说明书的内容主要包括概述、主要设计决定和特点、设计的原燃料等条件与主要工艺设备的技术性能、产品和副产品的处理手段与措施等。各设计阶段的工艺设计说明书的内容略有差别。工艺设计说明书一般在工艺专业给各专业提出设计任务书后进行编写。下面以炼铁专业初步设计阶段编写的工艺设计说明书的内容和格式为例进行介绍。

4.5.1 概述

"概述"的内容是：简述设计任务书和上级下达的有关文件中有关炼铁工艺设计的要求和规定，对外协作关系和协议（原材料和能源等的供应，主要设备设计、制造、供应的安排，与有关单位的设计分工协作协议等），设计遗留问题和解决意见（说明设计中遗留的问题及审批设计时需要解决的问题和项目，并提出解决意见）。

4.5.2 主要设计决定和特点

主要设计决定和特点部分包括以下内容：

(1) 简述主要设计决定和主要设备结构的特点、生产操作制度、工艺改进等。

1) 工艺流程和设备布置。
2) 主要设备特性。

①简述各系统主要装备水平及采用的新技术、新设备等；
②简述采取的环保、节能措施和自动化水平。

(2) 分期建设和远景发展。如为旧厂改（扩）建，需说明旧厂现状并提出利用现有设备和"挖潜"、"革新"、"改造"的措施。

(3) 主要设计条件。

1) 原料、燃料和辅助材料。

①简述来源、供应方式、冶炼前的加工准备；

②原料、燃料及辅助材料的主要成分和性能；

③原料、燃料和辅助材料的使用量和配比；

④特殊原料冶炼制度的论述。

2) 产品。

①生铁产量、成分；

②炉渣产量、成分；

③煤气产量、发热值。

3) 操作条件。

①送风条件：高炉的透气性（包括风口前风压、炉内料柱阻损、送风系统阻损）、鼓风量、富氧量、喷吹量；

②风温；

③鼓风湿度；

④炉顶压力。

4) 动力消耗（包括水、电、风、蒸汽、压缩空气、煤气、氧气、氮气等）。

5) 环保和节能设施（包括消声、除尘等）达到的标准，采取的措施。

6) 安全和工业卫生措施。

7) 炼铁设备的操作制度。

①选择炼铁设备的形式、容量和座数，并做必要的方案比较（对特殊原料，在冶炼上有特殊要求时，要根据生产实践经验或科学试验结果论证冶炼工艺的可靠性和合理性）；

②简述冶炼操作制度及造渣制度；

③冶炼技术操作指标；

④生铁平衡表；

⑤炉渣和煤气等副产品的综合利用。

4.5.3 主要工艺设备的技术性能

主要工艺设备的技术性能部分包括以下内容：

(1) 工艺设备流程图，车间的布置、组成等，并说明原材料及燃料的运入和产品、副产品及废料的运出方式。

(2) 高炉及附属设备。
1) 高炉本体（炉体结构形式及高炉特性等）；
2) 炉体冷却设备及冷却方式；
3) 高炉内衬；
4) 炉顶设备；
5) 高压操作设备；
6) 炉体附属设备；
7) 出铁场附属设备；
8) 喷吹方式及设备。

(3) 热风炉及附属设备。
1) 热风炉本体（热风炉结构形式及热风炉特性）；
2) 燃烧系统；
3) 送风系统；
4) 热风炉附属设备（包括余热回收利用设施）；
5) 热风炉及热风系统耐火材料。

(4) 煤气除尘设备。
1) 概况；
2) 除尘器及其附属设备；
3) 煤气净化设备；
4) 煤气净化的配管及附属设备；
5) 炉顶均排压系统及设备；
6) 炉顶余压回收利用设施。

(5) 料仓及上料系统。
1) 概况；
2) 设备的主要技术特性；

3) 设备能力及容积计算等。

(6) 喷吹设施（包括制粉、输煤、喷煤在内）。

1) 概况（系统流程及方式、工艺参数等）；

2) 主要设备及主要技术特性。

(7) 炉渣处理设施。

1) 概况；

2) 设备的主要技术特性；

3) 生产操作及主要技术指标。

(8) 碾泥设备。

1) 概况；

2) 原料种类及理化性能；

3) 原料配比及消耗指标；

4) 生产流程及工艺布置；

5) 设备的主要技术特性；

6) 生产操作及产品质量。

(9) 铸铁设备。

1) 概况；

2) 设备的主要技术特性；

3) 生产操作及消耗指标。

(10) 铁水罐（或混铁车）修理库。

1) 概况；

2) 设备的主要技术特性；

3) 耐火材料库；

4) 主要耐火材料品种及消耗量、罐位、主要操作制度。

(11) 炼铁厂设备材料仓库。

4.6 工艺设备设计

冶金工厂由一系列定型或标准设备、非标准设备、冶金炉、工艺管道、控制系统以及公用工程设施等组成，核心是标准和非标准设备。

4.6.1 设备设计的任务

4.6.1.1 冶金设备的类型

冶金工厂使用的设备多种多样,按使用功能可分为如下几种:

(1) 动力设备。如蒸汽锅炉或余热锅炉(常配发电机组)等。

(2) 热能设备。如煤气发生炉、热风炉等。

(3) 起重运输设备。如皮带运输机、吊车、斗式提升机等。

(4) 备料设备。如各种破碎机、圆盘配料机、调湿与混合机、制粒机、压团机等。

(5) 流体输送设备。如各种类型的泵、空压机、通风排气设备等。

(6) 电力设备。如各种电动机、变压器、整流设备等。

(7) 冶炼设备。如鼓风炉、高炉、热风炉、转炉等各种冶金炉。

(8) 收尘设备。如旋风收尘器、袋式收尘器和电收尘器等。

(9) 湿法冶金设备。如浸出槽、高压釜等。

(10) 液固分离设备。如浓缩槽、抽滤机、压滤机等。

(11) 电冶金设备。如矿热炉、电弧炉、水溶液电解槽、熔盐电解槽等。

上述 11 种设备按其在冶金过程中所起的作用,前六种可称为辅助设备,后五种可称为主体设备。辅助设备并不是说它们的作用是次要的,如电解车间的整流器,无论是对电解过程的顺利进行,还是节约电能,都起着极为重要的作用,设计时必须高度慎重选用。"选用"对于具体设计工作来说,当然是处在次要的地位。有一些辅助设备,如运输设备,对冶金过程的作用当然是次要的。

冶金工厂使用的辅助设备,大都是定型产品,应尽量从定型产品中选用,在迫不得已的条件下,才按冶金过程的特殊要求订购。

4.6.1.2 冶金设备的设计任务

冶金工厂使用的主体设备几乎全是非标准产品,应根据冶金过程的要求及原料特性等具体条件进行精心设计。对于某些收尘设备及液固分离设备,在有专门厂家生产时,亦可以选用为主,以减少设计投资费用。冶金工厂设备的设计任务如下:

(1) 正确选用辅助设备;
(2) 精心设计冶金主体设备;
(3) 全车间乃至全厂的设备能力平衡统计。

4.6.1.3 冶金设备设计资料

为完成冶金设备设计任务,应该掌握的资料如下:
(1) 全冶金过程的物料衡算与能量衡算数据;
(2) 厂外的供电、供水及交通条件,水文气象资料;
(3) 冶金过程的有毒气体与含尘气体的排放,热辐射等条件;
(4) 冶金过程的高温熔体、腐蚀流体的产生情况。

4.6.2 冶金主体设备设计

冶金工厂的主体设备类型繁多,形式多样,规模不一。进行冶金主体设备的设计是冶金工艺设计的重要组成部分,它是在冶金过程衡量计算的基础上,进一步具体完成冶金过程的工艺设计,将为整个冶金过程的顺利投产打下可靠的基础。因此冶金主体设备的设计,是冶金工厂设计的重要内容,也是主要内容,具体包括以下几方面:
(1) 设备的选型与主要结构的分析和研究;
(2) 主要尺寸的计算与确定;
(3) 某些结构改进的论述;
(4) 相关设备的配备;
(5) 主要结构材料的选择与消耗量的计算;
(6) 对外部特殊条件的要求等。

4.6.2.1 冶金主体设备的选型与结构的改进

在进行冶金主体设备设计时,首先应该对冶金过程的主要目的、发生的主要物理化学反应及其特点有很深入的了解,并要开展广泛的调查研究,了解完成某一冶金过程曾经采用过什么设备,发展过程如何,目前国内工厂通用哪一种设备,国外还有哪些更为先进的设备与技术等。有了这种概略的认识,便可选定某几个工厂点进行现场生产实践考察,做出较为详细、论证充分的考察报告,根据需要还可出国考察。

选择设备的基本要求如下:

(1) 满足生产工艺要求；
(2) 设备的先进性；
(3) 操作的稳定性和安全性；
(4) 设备的操作弹性；
(5) 技术经济指标；
(6) 操作控制的有效性和先进性；
(7) 加工、安装和运输的可能性；
(8) 材质选择经济合理。

当设备类型选定之后，就应该详细研究这种设备的具体结构了。这种研究的特点，主要是对设备使用过程中的运转情况、生产指标及产生的问题的调查，经过充分研究之后做出改进设计的方案，必要时还要委托科研院所与有关厂矿做一些模拟试验，才能在正式设计中采纳。

4.6.2.2 冶金主体设备的尺寸及台件的确定

当设备选型已经确定，在进行施工图设计之前，应该确定设备的主要尺寸，这一般需要经过准确的计算。冶金设备主要尺寸的计算方法，通常以工厂实践资料为依据，由于设备的类型差别较大，故计算方法也较多，基本上可以分为以下三类：

(1) 按设备主要反应带的单位面积生产率计算。几乎所有火法冶金炉都可按这种方法计算。

(2) 按设备的有效容积生产率计算。冶金厂特别是湿法冶金厂的大部分设备是以这种方法进行设计的。

(3) 按设备的负荷强度计算。如各种电解过程所用的电解槽是以通过的电流强度来计算的。

上述确定设备尺寸的理论计算法，一些文献资料已有详细介绍，但由于目前的研究还不够完善，这些计算法只能作为辅助手段，要达到与生产实践完全吻合的程度，需要进一步开展这方面的研究工作。

A 按单位面积生产率计算

用冶金设备单位面积生产率来确定冶金设备的主要尺寸时，如 $400m^2$ 铁矿粉烧结机、$8m^2$ 竖炉球团，一般可用下式表示：

$$F = \frac{A}{a}$$

式中 F——所需设备的有效面积,m^2;

A——冶金过程一天所需处理的物料数量,t;

a——单位面积生产率,$t/(m^2 \cdot d)$。

应用这个公式求出所需设备的有效面积以及利用单位面积生产率这些数据时,必须明确这个面积是指主体设备的哪一部分。例如,经过计算需要建一台 $80m^2$ 的沸腾炉,这个 $80m^2$ 面积是指沸腾炉空气分布板上沸腾层处的横切面,所以在计算时利用的工厂数据 a 也是指这个位置,绝不能将这个面积算作炉子的扩大部分,这也是在进行单位面积生产率调查时应注意的问题。

在设计时,还必须正确选择单位面积生产率数据。例如,设计一台铅鼓风炉,经过调查,获得的单位面积生产率波动为 $50 \sim 80 t/(m^2 \cdot d)$,在设计计算时,如果取 $50 t/(m^2 \cdot d)$ 的数据,生产率要比 $80 t/(m^2 \cdot d)$ 低许多,于是计算出的鼓风炉面积要扩大得多,因而大大地增加了建炉费用。如果取用 $80 t/(m^2 \cdot d)$ 的生产数据,可能又是高指标,投产后达不到。这就要求设计者不仅要做详细的调查研究,同时在设计过程中还要采用一些先进工艺和设备,才能保证在投产后达到这种先进的指标。

此外,处理量 A 是通过物料衡算决定的。当冶金设备有效面积确定之后,再进一步确定各种具体尺寸。

B 按设备的有效容积生产率计算

湿法冶金的浸出过程与溶液的净化过程常用到各种浸出槽与净化槽。对这类设备进行计算时,一般是按设备的有效容积生产率进行计算。下面以常压与高压两种作业条件下有效容积的计算以及高炉有效容积的设计计算为例进行说明。

a 常压设备的计算

精矿或经磨碎后的其他有色金属物料大都采用搅拌浸出与溶液净化,搅拌方式常用机械搅拌或空气搅拌。这种设备的设计首先是计算确定设备的容积,其计算式如下:

$$V_{总} = V_{液} \, t/\eta$$

式中 $V_总$——设备总容积,m^3;
 $V_液$——每天需处理的矿浆或溶液总体积,m^3;
 t——矿浆在槽内停留的总时间,h;
 η——设备容积利用系数。

每天需处理的矿浆或溶液的体积是根据物料衡算来确定的。对于固体物料的浸出,在物料衡算时,往往只知道物料的处理量,需要根据该冶金生产过程的液固比及矿浆的密度来计算 $V_液$,其计算式如下:

$$V_液 = (Q + \frac{L}{S}Q)/\gamma$$

式中 Q——日处理的固体物料量,t;
 L/S——液体与固体物料的重量比,简称液固比;
 γ——液体与固体混合浆料的密度,t/m^3。

当 $V_总$ 求出之后,需要计算所需槽数,计算式如下:

$$N = \frac{V_槽}{V_0} + n = \frac{V_液}{24 V_0 \eta} + n$$

式中 N——所需槽数,台;
 V_0——选定的单个槽的几何容积,m^3;
 n——备用槽数,台;
 η——槽体容积利用系数。

b 高压湿法冶金容器的设计计算

高压湿法冶金近年来有所发展,在有色冶金中使用最普遍的是氧化铝的生产。矿浆在压煮器中用过热的新蒸汽(280~300℃)最终加热到232℃,在计算压煮器的尺寸与台数时,除了必须知道单位时间内有多少矿浆量通过压煮器之外,还需知道用新蒸汽加热矿浆时产生的冷凝水。所以计算的物料平衡数据中的矿浆量,必须再加上加热用蒸汽冷凝的水量,才是压煮器流出的矿浆总量。

c 高炉有效容积的设计计算

高炉有效容积根据高炉有效容积利用系数和日产量确定,其计算式如下:

$$V_{有} = \frac{P}{\eta_0}$$

式中 $V_{有}$——高炉有效容积，m^3；

P——高炉日产量，t；

η_0——高炉有效容积利用系数，$t/(m^3 \cdot d)$。

高炉有效容积利用系数是衡量高炉生产强化程度的重要指标，高炉有效容积利用系数越高，说明高炉生产率越高，每天所产生铁越多。目前我国大中型企业的高炉有效容积平均利用系数约为 1.8～2.0，高的达到 2.5 甚至 3.0 以上。

C 按设备的负荷强度计算

有色冶金的电化冶金过程，如铜、铅的电解精炼，硫酸锌水溶液的电积，铝的熔盐电解，钢铁冶金中的电解，金属锰生产，所用的电解槽都是按电流强度即按通过电解槽的电流大小来设计计算的。而电流强度与选定的电流密度和生产规模等许多因素有关，只有通过调查研究之后才能确定。下面以熔盐电解铝为例做具体说明。

建设一座大型电解铝厂，一般采用大型预焙阳极铝电解槽，设电解槽的电流强度 $I = 160kA$，阳极电流密度 $D_{阳} = 0.72 A/cm^2$，则需炭阳极总面积为：

$$S_{阳} = I/D_{阳} = \frac{160000}{0.72} = 222222 cm^2$$

当采用长为 1400mm，宽为 660mm，高为 540mm 的阳极炭块时，需要阳极炭块数为：

$$阳极炭块数 = \frac{222222}{140 \times 66} = 24 \text{ 块}$$

阳极炭块采用两排配置，则每排配置 12 块。

电解槽采用中间自动打壳下料，两排阳极之间的距离取 250mm，阳极间的距离取 40mm，阳极到槽膛纵壁的距离取 525mm，到端侧壁的距离取 600mm，则槽膛尺寸为：

槽膛宽度 = 1400×2+250+525×2 = 4100mm

槽膛长度 = 660×12+40×11+600×2 = 9560mm

槽膛深度综合考虑电解质和铝液高度以及电解槽的操作工艺而

定,取525mm。

槽膛内衬一层520mm×350mm×123mm的侧部炭块,侧部炭块与钢壳之间的间隙取2mm;槽底自下而上采用一层厚65mm的硅酸钙绝热板,一层厚20mm的耐火粉,两层硅藻土保温砖(65mm×2mm),两层黏土砖(65mm×2mm),一层底部炭块(3250mm×515mm×450mm),侧部炭块顶部至槽沿板的距离取40mm,底部砖与砖之间的砖缝总计为5mm,则槽壳尺寸为:

$$槽壳宽度 = 4100+123\times 2+2\times 2 = 4350mm$$
$$槽长度 = 9560+123\times 2+2\times 2 = 9810mm$$
$$槽壳高度 = 525+450+65\times 4+20+65+40+5 = 1365mm$$

采用摇篮式槽壳结构,槽壳外钢板与型钢加固,置于砖混凝土结构上,并和大地电绝缘。

阴极装置采用16块尺寸为3250mm×515mm×450mm的阴极炭块砌成,炭块间采用挤压连接或用炭糊捣固填充,炭块和侧壁之间的间隙用底糊捣固填充,在槽膛侧壁用底糊扎一斜坡形"人造伸腿",以利于规整炉膛的形成。

阴极炭块底部面为预先车好的燕尾槽,阴极钢棒用含磷生铁浇铸在阴极炭块中,以利于导电。

4.6.3 冶金辅助设备的选用与设计

冶金工厂所用辅助设备大多是定型产品,在设计中主要是选用的问题。

4.6.3.1 选用辅助设备的基本原则

选用辅助设备的基本原则如下:

(1) 满足生产过程的要求。例如,高炉、沸腾炉的鼓风机,其风压与风量必须满足物料正常沸腾的需要。若风压太小不能克服空气进入沸腾空间的阻力,就不能保证所需的风量鼓入炉内,物料便不能达到沸腾状态,也会延缓反应过程的进行。又如,收尘过程的抽风机抽力不够,便不能保证收尘设备在负压下工作,造成含尘烟气外逸,从而恶化了车间的劳动条件,污染了环境。

(2) 适应工作环境的要求。火法冶金车间多数设备往往是在高温与含尘气体的环境下工作,而湿法冶金车间的工作环境,往往潮湿并含有各种酸、碱雾。所以冶金工厂选用的辅助设备,在许多情况下需要耐高温与耐腐蚀。

(3) 选用设备的容量应能在满负荷条件下运转。这就要求在设计计算过程中准确地提出容量数据。应该指出的是,冶金工厂的生产过程是连续运转的,必须保证设备有一定的备用量,在设备计划检修和发生临时故障时,应能及时更替,不致因此而中断生产。备用量必须适当,否则会大大增加建厂投资。在计算设备容量时,还必须注意到生产条件的变化。例如,根据原料来源与市场情况需要增加产量时,设备应有一定的富余能力。又如,为了调控用电量,某些地区已规定夜间(0~8时)电费比日间高峰电费低许多,铁合金、工业硅生产和铝电解是耗电多的高耗能生产过程,在不影响生产正常进行的条件下,可以在夜间采用高电流密度,而在日间高峰用电时采用低电流密度操作。选用的变压器、整流设备应能满足这种负荷变化的要求。

(4) 必须满足节能的要求。选用的辅助设备大多是电力拖动,设备所需功率必须认真算好,绝不可用大功率电动机带动小生产率设备,应该使电动机在接近满负荷的条件下工作,同时应该充分利用工厂本身的能量。例如,余热锅炉所产生的蒸汽不能充分利用来发电时,可用蒸汽透平来传动其他辅助设备。

由于冶金过程的复杂性,对选用设备还会有许多特殊的要求,应该根据具体条件慎重选用。

辅助设备应尽量选用定型产品,但是在许多情况下却选不到,需要重新设计。这种设计可分为两种类型。一类可由冶金工艺设计人员提出要求,向有关厂家定做。冶金工厂特殊用途的机电产品属于这种类型。辅助设备生产厂家一时难于接受特殊设计的,可由有关厂家与冶金工艺设计人员合作研制设计。如目前冶金工厂使用的余热锅炉,多是由锅炉厂与冶金工厂合作设计制造的。另一类非定型辅助设备,如物料的干燥用具,在冶金工厂生产过程中只起辅助作用,往往是由冶金工艺设计人员将其当做主体设备自行设计。又如新研制一种过滤设备,一般只能由冶金研制人员承担设计任务,在某些情况下也可与设备生产厂家合作。

4.6.3.2 选用设计辅助设备的基本方法

由于冶金工厂使用的辅助设备种类繁多,故只能分类叙述其选用设计方法。

(1) 机电设备。机电设备应选用定型产品,可从产品目录上选用。在设计时,要计算出所需设备的容量或生产能力,然后从产品目录上选用额定容量与生产能力符合的设备类型及数量。这类设备包括电力设备、起重运输设备、泵与风机等。但是有些设备(如皮带运输机)选用好之后,设计者还应根据配置设计的要求,绘制设备安装图。

(2) 矿仓与料斗。冶炼厂一般在单位时间内处理的物料量大,同时又是连续生产,所以物料的贮备是很重要的。这类设备一般需要进行设计,考虑的主要因素是贮存时间与贮备量、物料的特性等。贮存时间的长短,对于厂外原材料,应考虑供应者的地点、生产条件及运至厂内的交通情况;对于厂内的物料,则应考虑设备的生产情况和班组生产的需要量。矿仓与料斗的设计计算是按容积来考虑的。有效容积的计算式如下:

$$V = \frac{G}{\rho} K$$

式中　V——有效容积,m^3;

　　　G——需要储存的物料量,t;

　　　ρ——物料的堆积密度,t/m^3;

　　　K——有效容积的利用系数,一般取 0.8~0.9。

4.6.3.3 有特殊要求的辅助设备的设计

有许多冶金过程往往对辅助设备有特殊要求,如矿热炉的变压器、高温含尘烟气用的排风机等。这些设备本是定型产品,但是所属型号的特性不能完全满足冶金生产过程的要求。因此,在冶金工厂的设计中要对这些设备进行初步设计,提出具体要求后向生产厂家订货。例如,铁合金、炼铜用炉的变压器的总功率 P 可按下式计算:

$$P = \frac{WQ}{24K_1 K_2 \cos\varphi}$$

式中　W——电炉的单位（吨料或吨产品）耗电量，$kW \cdot h/t$；

　　　Q——处理固体炉料量或产品产量，t/d；

　　　K_1——功率利用系数，一般为 0.9~1.0；

　　　K_2——时间利用系数，一般为 0.92~0.96；

　　　$\cos\varphi$——功率因数，一般为 0.9~0.98。

当选用三台单相变压器供电时，每台变压器的功率为总功率的三分之一。由于目前尚无精确的计算方法求得二次电压，故只能根据类似工厂实践经验与数据选取。电炉用变压器的二次电压常做成若干级，以适应生产中操作功率和炉渣性质的变化。某炼铜厂的电炉功率为 $30000kV \cdot A$，选用三台单相变压器，变压器的二次电压为 201~404V，二次电流为 38.31A，一般做成 8~15 级，级间差为 20~40V。铁合金电炉变压器的电压级更多，可达 5~50 级，级间差要小一些，一般为 3~6V。

4.6.3.4　冶金工厂专门使用的辅助设备的设计

冶金工厂硫化精矿干燥所用的干燥窑、高温含尘烟气的冷却与收尘设备、湿法冶金过程所用的液固分离设备等，对于整个冶金生产过程来说，应该是起着辅助作用的。这些辅助设备往往由冶金设计人员进行设计，由工厂自己生产安装，因此在设计时应绘出施工图，设计方法与非标准冶金主体设备的设计方法相同。

4.6.4　非标准件设计

非标准件一般是指无固定外形和规格、用于连接设备的焊接件，如各种钢壳体、溜槽、料斗、风管、罩子、钢烟囱、阀门、支架以及钢梯，炼铁高炉的风口、渣口、铁口、冷却壁，热风炉的炉箅子、陶瓷燃烧器等。冶金工厂的非标准件在设计、加工制作和安装方面的工作量也是比较大的，它与工艺流程关系十分紧密，一般都由工艺专业完成。以往经验表明，为保证施工、安装和生产的顺利进行，应重视非标准件的设计。

非标准件的设计工作，一般应包括外形尺寸的计算、材料结构的选择和设计制图等内容，并需结合土建施工的允许误差，在非标准件设计时要留有余地。

4.6.4.1 外形尺寸的计算

非标准件的外形尺寸要经过计算来确定。非标准件的空间定位尺寸在进行车间工艺布置时确定。要强调指出的是,必须重视下料溜槽的空间定位尺寸。因为溜槽的角度有一定的要求。角度是否合适,与生产能否正常进行关系极大。溜角过小,料流不畅,导致堵塞,给操作带来麻烦;溜角过大,就要提高建筑物的高度或加深地坑的深度,增加建设投资,同时,由于溜角过大,料流速度快,冲力大,加剧了溜子的磨损,维修量也大了。

非标准件的重量也是经常需要计算的项目之一,尤其是较大或较重的非标准件,必须认真进行计算。非标准件的重量不仅是编制工程概预算不可缺少的数据,同时也是计算建、构筑物荷载不可缺少的数据。

4.6.4.2 材料和结构的选择

(1) 材料选择。非标准件一般为焊接件,因此,制作非标准件的材料,应选用焊接性能较好的普通碳素钢 Q235-A。

(2) 结构选择。结构选择的原则是:构造简单,耐磨耐用,便于加工制作、安装和维修。特别是物料溜子一类的非标准件,一般均属易磨部件,使用一定时间后就得修理或更换,因此必须遵循这一选择原则。

风管的连接方式可用法兰连接,也可用焊接,为减少漏风,一般采用焊接的较多。为便于检修、清理管道,在焊接的管段上仍需设置少量的法兰连接。风管转弯半径的大小与系统阻力损失有关,一般取 $R = (2.5 \sim 5.5)D$。

4.6.4.3 设计制图

非标准件设计图纸的比例按其体形大小可选用 1∶1,1∶2,1∶5,1∶10,1∶20,1∶50 等。图纸深度可按以下所列内容考虑:

(1) 一般只绘制总图,不作零件图(个别较复杂的除外)、展开图,必要时可补充局部放大图,但应注明非标准件的重量。

(2) 若要说明连接的设备,可在非标准件上用引出线加注,如"上接提升机出口法兰",也可画出连接设备相关部分的简单轮廓。

(3) 要注明非标准件在布置图中的定位尺寸、外形尺寸和规格，法兰和螺孔大小，螺孔个数及间距等。

(4) 要表示出溜管穿越的墙壁和楼板，并注明它们的关系尺寸和标高，还要注明靠近溜子的梁的外形和尺寸，要特别注意料管或烟囱是否碰楼板和梁的问题。

(5) 图中应列出材料表（含螺栓、螺母、垫圈的重量和个数）。

(6) 设有保温层时，要说明保温材料、厚度和做法，并绘制详图。

(7) 其他需要表示和技术说明的内容。

4.6.4.4 设计注意事项

非标准件设计注意事项如下：

(1) 确定管子、溜管的长度时，要考虑土建施工和设备安装的误差，图中标注的长度尺寸可在计算长度的基础上增加 50~150mm 的富余量。现场安装时，按实际需要切割后进行焊接。若非标准件分为 3 节以上，注明其中一节长度应留有富余长度，或实测丈量。

(2) 直径较大的风管在选择壁厚时，要考虑管子的刚度，以避免吊装中的变形影响安装质量。较高的风筒、钢烟囱，下部壁厚应适当加厚，以增加强度承受筒体本身的自重。

(3) 在管子、溜子的适当部位，应根据需要加设捅料孔、清料门、人孔门、检修门、观察孔、取样孔等。

(4) 承受温度变化的、较长的管子和溜子，应在管上增设膨胀节头或波纹补偿器。

(5) 为便于搬运、吊装，较长的非标准件应分节、分段制作，安装时，在现场焊接为整体。

4.6.4.5 施工误差和设计中的相应措施

施工中，土建、设备制造、设备安装、非标准件加工等多方面的误差会集中在最后安装的非标准件上，为尽可能减少施工误差对安装工作的影响，可采取如下一些灵活变通的调整和补偿措施：

(1) 两端带法兰的溜子，可留其中一端的法兰在安装中焊接。

(2) 风管溜子分段组成时，加长量在末尾一段为宜。

(3) 风管和溜子的中间支承（如直立管道的固定支架、倾斜溜子的支承法兰），为适应楼面标高或支承位置的变动，应留在安装时调整和焊接。

（4）几条风管在一处汇接时，为弥补其长度偏差和中心线的偏移，可在安装时确定汇接位置后再开孔焊接。

（5）适当加大法兰螺栓孔径，可方便螺栓的安装，有一定的补偿作用。

（6）安装溜子之类的非标准件，一般不要采用预埋螺栓和二次浇注办法，倘若需要预埋的，可采取预埋钢板或预埋法兰的方法，不但能补偿误差，而且施工也方便。

（7）圆形管道有中心对称性质，圆形断面溜子可绕其法兰中心相对自由转动（方形则不可），因此具有良好的误差补偿性能。

（8）有些两端用法兰或一端法兰另一端焊接固定的溜子，如皮带机、提升机、料仓等进出料溜槽，为方便补偿施工误差，可将两端固定改为一端固定、另一端"浮动"而得到补偿。

（9）有些空间位置复杂或走向别扭的管道和溜子，如估计到土建施工和设备安装的误差可能性较大，或在施工中可能会有变动，可待设备安装之后，再按实际测量的尺寸进行现场设计，这样可使非标准件的布置结构更趋合理，且可避免因施工误差给安装带来的困难。

5 施工方案实例

本章及第6~第9章结合实例对施工组织设计的内容进行介绍和说明。

本实例的"施工组织设计"依据中钢设备有限公司"某钢铁产业整合技术改造灾后重建一期工程项目 $1080m^3$ 高炉总承包项目"建筑安装施工招标文件和"某钢铁集团股份有限公司灾后重建一期 $1×1080m^3$ 高炉工程A标段建筑安装工程总承包合同协议书",结合施工现场条件和施工企业同类工程施工经验以及资源情况编制,通过对招标文件、合同及该类型系统工程工艺系统流程的全面研究和分析,进行了施工总体部署,确定了工程施工质量、工期目标,针对这些目标,阐明了主要的施工方案、施工准备安排、施工进度计划以及各项施工保证措施,以确保全面履行施工合同,施工企业将以"为业主服务"为目标和宗旨,全面履约,优质、高效、快速、安全、文明完成中钢设备有限公司"某钢铁产业整合技术改造灾后重建一期工程项目 $1080m^3$ 高炉总承包项目"的建筑和安装施工工程。

《施工组织设计》是工程施工组织的技术指导性文件。各分项设计图纸交付后,施工单位将依此为基础,根据合同要求和施工图纸以及国家和冶金行业颁发的施工及验收规范、工程质量检验评定标准,由各项目分部组织工程技术、质量等有关人员编制主要工程专项施工方案,作为指导工程施工的技术性文件。

5.1 编制综合说明

"某钢铁产业整合技术改造灾后重建一期工程项目 $1080m^3$ 高炉总承包项目"建筑安装施工招标文件。

5.2 编制依据及执行标准

编制依据及执行标准为"某钢铁集团股份有限公司灾后重建一

期 $1\times1080m^3$ 高炉工程 A 标段建筑安装工程总承包合同协议书"。

5.3 国家和行业相关规范和标准

工程应始终严格按照现行国家、行业及地方性标准和规范施工，全部作业遵守冶金技术规范及规定，严格规范操作，严把质量关。国家和行业相关规范和标准本书不一一列出，可参考相关文献。

5.4 设备技术文件与设计所规定的其他技术要求和标准

本部分包括在 GB/T 19001 质量管理体系要求下建立的《质量手册》和程序文件以及现有资源条件，相关、类似工程项目施工经验和技术成果。

本《施工组织设计》所涉及的工艺设备和技术参数若与正式工程有差异，将根据正式施工图纸资料在施工方案中进行修订和补充。

5.5 编制原则

本《施工组织设计》编制原则如下：

(1) 编制遵循符合性原则、先进性原则、合理性原则、满足业主要求原则四项基本原则；

(2) 满足业主对工程质量、工期要求及安全生产、文明施工要求的原则；

(3) 满足与业主、监理、设计及相关单位协调施工的原则；

(4) 充分利用充足的施工机械设备，积极创造施工条件，做到连续均衡生产，文明施工；

(5) 采用先进的施工工艺、施工技术，制定科学的施工方案；

(6) 贯彻施工验收、安全和健康、环境保护等方面的法规、标准、规范和规程以及有关规章制度，保证工程质量和施工安全生产；

(7) 采用科技成果和先进的技术组织措施，节约施工用料，提高工效，降低工程成本；

(8) 充分利用高新技术，提高机械化施工程度，减少笨重体力劳动，提高劳动生产率；

(9) 充分利用原有和正式工程建筑和设施，减少临时设施，节约施工用地；

（10）合理选择资源和运输方式，节省费用开支。

5.6 编制内容

施工企业在认真分析研究了工程工艺系统流程要求，并对施工现场进行了详细踏勘的前提下编制了"施工组织设计"，分别对施工组织、劳动力计划、施工总布置、施工总进度、施工技术方案、主要施工机械设备、质量安全保证措施、文明施工及环境保护措施进行了详细的阐述。

5.7 工程概况

5.7.1 现场自然条件

5.7.1.1 气象条件

（1）大气温度：

最冷月平均	−7.7℃
最热月平均	30.6℃
年平均	13.5℃

（2）相对湿度：

冬季平均相对湿度	47%
夏季平均相对湿度	48%
年平均相对湿度	47.5%

（3）大气压力：

设计压力	101.3kPa（760mmHg）
夏季平均压力	97.2kPa（729 mmHg）
冬季平均压力	95.3kPa（715 mmHg）
年平均压力	96.3kPa（722 mmHg）

（4）基本风压：$0.4kN/m^2$。

5.7.1.2 工程地震

国家地震局、建设部震发办［1992］160号文规定本工程所在地地震基本烈度为7度。

5.7.2 交通条件和区域位置

5.7.2.1 交通条件

某钢铁集团股份有限公司位于某县钢铁经济循环园区，该区域道路极为便利。厂区道路与县属主要道路相连，南接诸葛公路（二级公路），该公路向东约2km交汇于西汉高速公路引道，北接定军中路，东面是钢二路，西面是勉武路，交通条件较好。

5.7.2.2 总体布置

根据所选厂址的地理地形、周边环境以及工艺流程确定厂区的总体布置，1080m^3高炉车间布置在厂区中部。以高炉本体为中心在高炉周围依次布置高炉附属设施，高炉的上料系统（皮带）和高炉矿槽布置在高炉北侧，矿槽除尘布置在高炉南侧，出铁场除尘布置在高炉西侧；热风炉、重力除尘器、煤气布袋除尘、喷煤设施、TRT、循环水泵房、高炉鼓风机站等均布置在高炉的北侧。高炉中心电气室、高炉的渣处理系统布置在高炉的东侧。两座高炉东西一列式布置，一期建设西边的高炉，东边的预留。两座高炉的鼓风机站土建一次建成，预留设备位置，其余的公共辅助设施分期建设。铸铁机不新建，用老系统的铸铁机。

5.7.2.3 现场施工条件

项目整个为竖向布置，新厂区南高北低，场地平整后高炉区室外地面设计标高定为561.5m（绝对标高），高炉区附属室外地面设计标高定为561.0m（绝对标高），高炉矿槽区室外地面设计标高定为560.5m（绝对标高）。挖方量为35123.9m^3，填方量为238343.04m^3。

5.7.2.4 场地排水

厂内拟建道路均为城市型道路，为保持厂容整洁又能顺利排出污水和雨水，设计考虑场地污水和雨水均通过明沟加暗管排水方式排出厂外。

5.7.2.5 制作运输

新征迁区域位于老厂区东南侧，南侧临近诸葛公路（二级公路),诸葛公路与西汉高速引道相连接,外部交通条件较好;而且南侧临近隶属施工企业的金属结构制造厂,便于大型钢构件制作运输。

5.7.3 工程项目

工程项目包括某钢铁产业整合技术改造灾后重建一期工程项目 $1080m^3$ 高炉及配套的部分公共辅助设施的建筑工程、设备安装调试工程施工,即高炉本体、出铁场、粗煤气除尘系统、热风炉系统、渣处理系统、干煤棚、煤粉喷吹设施、煤气清洗设施、高炉给排水设施、供配电设施、区域综合管线、高炉供料设施、储矿槽系统、鼓风机设施、生产辅助设施及其他附属设备建筑工程、设备安装调试工程施工,以及车间内小房子、设备基础、车间内管沟等(包括建筑、混凝土、钢结构、给排水、采暖通风、电气)建筑工程、设备安装调试工程施工。高炉系统主要施工目录一览表见表5-1。

表5-1 高炉系统主要施工目录一览表

序 号	项 目 名 称	备 注
1	高炉供料系统	
2	高炉矿焦槽系统	
3	高炉系统	
4	高炉粗煤气系统	
5	煤气布袋除尘器	
6	高炉煤气余压发电系统	
7	热风炉	
8	高炉循环水泵站	
9	鼓风机系统	
10	车间综合管线	

5.7.4 建筑及结构部分概况

5.7.4.1 主要建筑

工程为新建一座 $1080m^3$ 高炉工程,主要生产车间由风口平台出铁场、鼓风机站、空压站、TRT发电站、变电所及辅助设施组成。

主厂房由1080m³高炉出铁场及相应的生产辅助设施组成，采用钢屋架、钢柱及钢吊车梁、钢天窗，屋面采用1mm厚彩色压型钢板，墙面采用0.8mm厚彩色压型钢板，局部采用玻璃钢采光带，出铁场平台为捣制钢筋混凝土结构，平台柱及基础均为钢筋混凝土结构。各建筑物详细情况见表5-2。

表5-2 建筑物一览表

序号	建筑名称（面积）	建筑类型	高度/m	建筑面积/m²	备注
1	风口平台出铁场（36.5m×67m）	钢结构	21（轨顶）	2445.5	吊车32/5t 2台
2	工人休息室（8m×5m）	砖混结构	3.5	80	2个
3	炉前液压站（9m×6m）	砖混结构	3.5	54	
4	泥炮操作室（5m×5m）	砖混结构	3.5	50	2个
5	焦炭地下料仓（4m×28m）	地下为钢筋混凝土结构，地上为轻钢简易棚结构	5	112	
6	焦丁筛分室（4m×8.6m）	框架结构	15	103.2	3层
7	焦炭筛分室（13m×10.5m）	框架结构	14	409.5	3层
8	碎矿仓（6m×11.4m）	框架结构	18	273.6	4层
9	矿石地下料仓（4m×28m）	地下为钢筋混凝土结构，地上为轻钢简易棚结构	5	112	
10	矿石转运站（8m×15m）	框架结构	15	360	3层
11	矿焦转运站1（8m×15m）	框架结构	35	405	3层
12	矿焦转运站2（8m×15m）	框架结构	35	510	3层
13	矿焦槽（11m×139m）	框架结构	22.5	6116	4层
14	矿槽液压站（12m×6m）	框架结构	4.6	72	
15	上料主胶带机通廊（330m×4.7m）	钢结构	4.7		
16	皮带机通廊	钢结构			
17	机械室（18m×15m）	框架结构	8	540	2层
18	热风炉液压站（12m×9m）	框架结构	4	108	

续表5-2

序号	建筑名称（面积）	建筑类型	高度/m	建筑面积/m²	备注
19	炉顶液压润滑站（16m×6m）	轻钢结构	5.5	96	
20	地仓、焦炭筛分室除尘（8.8m×21.5m）	框架结构	10.5	378.4	2层
21	转运站除尘（4.8m×10.5m）	框架结构	10.5	100.8	2层
22	高炉主控楼（30m×16m）	框架结构	13.5	1440	3层
23	矿槽电气室（15m×12m）	框架结构	9	360	2层
24	高炉循环水泵站电气室（24m×12m）	框架结构	5	288	
25	热风炉电气室（12m×6m）	框架结构	5	72	
26	水渣处理电气室（9m×6m）	框架结构	9	108	2层
27	出铁场除尘电气室（9m×6m）	框架结构	5	54	
28	矿槽除尘电气室（9m×6m）	框架结构	5	54	
29	鼓风机站（21m×42m）	框排架结构	15（轨顶）	1764	吊车
30	鼓风机站辅助跨（12m×42m）	框架结构	15	1008	2层
31	大倾角皮带通廊	钢结构			
32	鼓风机泵站（4.5m×15m）	框架结构	5	67.5	
33	鼓风机泵站水池（6m×15m）	半地下钢筋混凝土结构	2（深）	90	
34	循环水泵站（28m×60m）	地下为钢筋混凝土结构，地上为框架结构	7.9	1680	
35	循环水冷却塔（10.4m×25.2m）	半地下钢筋混凝土结构	2（深）	262	

（1）上料通廊均采用轻钢结构，支架局部采用钢支架，其他采用钢筋混凝土支架，屋面及墙面均采用彩色压型钢板，屋面采光采用玻璃钢采光带。

（2）其余辅助设施均采用框架结构，砌块填充墙，塑钢门窗。根据不同厂房生产设备散发热量大小的情况，在主厂房屋面均设立上承式横向通风采光天窗,使厂房有良好的天然采光和自然通风。根据地坪荷载的大小,各厂房地坪采用混凝土或钢筋混凝土。

(3) 厂房大门均选用钢大门,小门为塑钢门。

5.7.4.2 辅助建筑

(1) 生产辅助设施,如电气室、风机房、电气控制室为砖混结构或钢筋混凝土框架结构,采用砖墙或轻质墙,钢筋混凝土楼板及屋面板。部分洁净房间设置抗静电活动地板,轻钢龙骨吊顶。

(2) 高炉循环水泵房、水冲渣系统、除尘风机房等采用砖混结构或钢筋混凝土框架结构,建筑物屋面设保温层,卷材防水,外墙采用砖墙或混凝土砌块。

(3) 墙面双面粉刷涂料,钢门窗或塑钢门窗,地面为水泥砂浆或耐磨地面砖等。

5.7.4.3 消防及安全卫生

(1) 主车间生产的火灾危险性为丁类,建筑耐火等级均为二级;生产辅助建筑中,主控楼及电气变、配电室生产的火灾危险性为丙类,空压站生产的火灾危险性为丙类,鼓风机站生产的火灾危险性为丁类,其余辅助建筑如风机房、水泵房等生产的火灾危险性均为戊类,建筑耐火等级均为二级。

(2) 厂房内设有中级以上工作制的吊车起吊重物,吊车净空尺寸满足安全规程的要求,设有双侧且环通的吊车安全走台,走台边缘均设有栏杆。

(3) 其他安全出口、疏散及消防距离等均符合《建筑设计防火规范》(GB 50016—2006) 的要求。

(4) 各项安全卫生措施均按《冶金企业安全卫生设计规定》的要求进行设计。

(5) 建、构筑物均按抗震烈度 7 度进行设防。

5.7.5 混凝土结构和钢结构概况

5.7.5.1 混凝土结构

A 高炉基础

(1) 建(构)筑物的柱基础采用钢筋混凝土独立基础。

(2) 高炉、热风炉的基础采用钢筋混凝土板式基础。
(3) 鼓风机、风机、发电机等基础采用钢筋混凝土构架式基础。
(4) 其余设备基础采用钢筋混凝土块式基础。

B 建（构）筑物结构选型

(1) TRT、鼓风机站采用钢筋混凝土排架结构。
(2) 其余建（构）筑物均采用钢筋混凝土框架结构。

5.7.5.2 钢结构

(1) 矿槽系统平台为钢平台，槽上防雨棚采用钢结构形式。地面以上皮带廊支架采用钢筋混凝土支架，部分采用钢支架，上料主皮带通廊支架采用钢结构，通廊均采用钢结构。屋顶采光、料斗仓及平台采用钢筋混凝土框架结构。

(2) 高炉本体由自立式高炉外壳、炉体下部框架、炉身支架及各层平台组成。高炉炉壳拟采用 BB503 钢材制造。部分框架柱、平台梁采用 Q345B 钢制造。其他钢结构采用 Q235B 钢制造。

(3) 电梯井采用钢结构制作并利用与高炉的连接通道作为高耸井架的侧向支撑。

(4) 风口平台出铁场的屋面、柱子、吊车梁及墙皮、风口平台等结构均采用钢结构。根据出铁场平坦化的需要，出铁场平台采用钢筋混凝土结构。铁水沟、残铁渣沟及摆动流嘴采用耐热混凝土。部分平台梁、通道采用钢结构。

(5) 粗煤气除尘系统由除尘器支架、粗煤气管道及梯子平台组成并采用钢结构。为改善炉顶炉壳受力状况，在上升管上设支座将重量支承于高炉平台。

(6) 热风炉系统由钢结构热风炉炉壳、管道、栈桥、管道支架、平台组成。

(7) 炉渣粒化系统采用的方案是：运渣通廊平台梯子采用钢结构，水池采用钢筋混凝土结构，泵房采用钢筋混凝土框架结构。

(8) 高炉干式布袋除尘系统的框架平台及梯子平台和管道支架采用钢结构。TRT 系统的梯子平台、放散塔和管道支架亦采用钢结构制作。

(9) 鼓风机站厂房的屋面、吊车梁、消声器支架、管道支架及平台等采用钢结构,厂房柱采用预制钢筋混凝土柱。

(10) 炼铁区、动力区的部分管道支架和平台采用钢结构。

(11) 出铁场除尘和矿槽除尘的烟囱、平台、管道支架采用钢结构。风机房的吊车梁采用钢结构制作。厂房为钢筋混凝土框架结构。

(12) 高炉水设施的平台采用钢结构,其他为钢筋混凝土框架结构。

(13) 钢结构防腐表面处理除水设施钢结构除锈等级为 St2 外,其余均为 Sa1 或 Sa2,高炉炉壳、热风炉炉壳、管道等均采用耐高温漆,其他钢结构采用醇酸磁漆或氯磺化普通漆。

5.7.6 工程特点及对策

工程特点及对策如下:

(1) 施工工期短,劳动力用量多且集中。由于工期非常短,作业面小,多种任务同时作业,劳动力用量比较集中,需要提前配备足够的施工人员,以满足施工程序和工期的要求。为了确保按期建成投产,在建设过程中要集中力量,合理安排,科学管理,特别要做好施工前的各项准备工作。

(2) 施工期间场地小,施工用地紧张。施工场地狭小,运输道路狭窄,路障多,高炉本体工程各施工项目紧凑,相对位置较近,整个施工场地狭小。

(3) 多施工单位协调与配合,管理难度大。由于高炉工期紧,工程量大,高炉本体、热风炉及其辅助设施由多位专业队伍同时进行立体交叉作业,外围设备分布零散,点多面广,互相配合复杂,安全工作难度大。为此对于施工测量控制网的管理、工程施工交叉、施工交接点、相邻工程的施工顺序和相邻工程间的影响,都需要强力的管理和控制,合理安排各工种进度,做好各施工专业之间的穿插和中间交接工作,协调一致,并采取可靠的安全技术措施,确保施工安全。高空安装作业多,安全问题突出,不能有丝毫大意。高炉本体、热风炉结构及设备安装量大,高炉本体施工是整个施工安排中心,必须从人力、材料、机械、施工方法和经济性这五个方面进行分析,做出科学合理的安排,编制科学、合理的施工组织设计,有组织、有秩序地施工，使整个工程施工达到最佳效果。

（4）焊接技术难度高，工作量大，工艺先进。高炉炉壳直径较大，壳板厚度较厚，属厚板焊接，炉壳采用分块运输、现场拼接的方式施工，其焊接工程量很大，且需要先进的焊接工艺保证施工质量。

（5）构件重，体积大，安装高度高，构件安装难度大，大型机具使用多。由于高炉、热风炉炉壳均为整圈运抵现场，直径大；高炉炉壳、框架、上升下降管、上料通廊等构件的几何尺寸大、重量重，使得施工难度加大，安装时需使用大型起重机械配合吊装。

（6）耐材砌筑量大，砖型多。本标段筑炉工程包括高炉本体砌筑、煤气粗除尘系统内衬砌筑、出铁场砌筑、热风围管内衬砌筑、热风炉炉体砌筑、热风管道砌筑及烟道管喷涂等，涉及压力灌浆、喷涂、浇注、砌砖等多种作业，耐材工程量近1万多吨，且耐火砖材质多，不定型材料多，组合砖多，对于材料的保管、运输的管理要求高，难度大。各种炭砖、组合砖砌筑前必须精加工、预砌筑，施工质量要求高。

高炉本体、冷却壁、热风炉壳安装完成后，筑炉进入施工，此阶段各种结构框架、管道进入安装，重力除尘、布袋除尘进入结构和设备安装，各个专业穿插作业，是整个施工过程中最繁杂的阶段，要求各专业施工非常紧凑，施工协调管理采用每天开工程例会的办法。

6 施工总体部署

6.1 指导思想

施工单位的指导思想是本着"与业主精诚合作,团结一致"的精神,精心组织施工,在整个施工期,确保施工质量,创品牌,完成所有建设任务。

6.2 施工目标

(1) 施工工期目标:按招标文件规定,2009年12月28日土建开始施工,2010年10月30日投产。

(2) 施工质量目标:确保工程质量合格,力争达到国家和冶金规范优良工程。

(3) 安全生产目标:无死亡、重伤事故,千人负伤率小于4‰。

(4) 文明施工目标:创文明标准化工地。

6.3 施工部署

6.3.1 施工组织机构

施工单位将全力组织实施,保证实现项目总目标,圆满完成"某钢铁产业整合技术改造灾后重建一期工程项目1080m^3高炉总承包项目"建筑安装施工全部内容。

6.3.1.1 组织机构

组织机构按"某钢铁产业整合技术改造灾后重建一期工程项目1080m^3高炉总承包项目"项目经理部和某钢铁有限公司工程管理体系对口设置,严格执行其有关文件及管理制度。

6.3.1.2 组织原则

以追求组织体系的"权威性、高效性、适用性"为原则,力求做到"两通"(政令通、信息通)、"三无"(无脱节、无漏项、无盲区)、"五到位"(人员到位、素质到位、准备到位、措施到位、服务到位)。

6.3.1.3 组织相关职责

A 项目部各职能部门的职责

(1) 工程技术部:负责技术(包括方案、技术资料、计量、试验等)、进度、调度、机械、平面布置等。

(2) 经营计划部:负责计划、预算、财务、合同等。

(3) 质量、安全部:负责质量、安全计划的策划、检查等。

(4) 综合管理部:责任文明施工、后勤、办公、治安、保卫、与民共建等。

(5) 设备材料部:负责提供设备计划,材料和设备的采购、保管、发放等。

B 项目部的职责

(1) 全面履行施工单位与业主签订的工程合同。

(2) 遵守财经制度,加强财务管理,自觉维护公司的信誉和利益。

(3) 负责编制年、季、月工程计划和资金计划,编制工程预算、工程进度表,做好工程结算、财务决算,保证资金的正常运转。

(4) 编制施工组织设计,建立工程质量保证体系,制定项目管理目标,执行技术规范和标准,落实质量保证措施及安全保证措施,贯彻质量程序文件,确保某钢铁有限公司高炉系统工程顺利实施,向业主提供真实、完整有效的资料和档案。

(5) 搞好精神文明建设,维护项目部的团结,自觉接受业主和公司的监督,发现问题及时整改。

C 项目部的权利

(1) 项目指挥权。项目部全权处理施工过程中的一切事务,管理及调配资金、劳动力、物资、机械等生产要素。

(2) 经营自主权。项目部对工程预算、收入、成本全权负责。项目部有权最终审定工程预算、措施费用和其他费用。

(3) 项目人事权。项目部对管理人员及劳务实行管理，不合格者采取收回制。

(4) 资金使用权。项目部对工程资金享有支付权，并可自主使用企业核定的经营费用。

(5) 材料采购权。项目部根据企业材料管理的有关规定，合同范围内的已供材料可自行采购。

(6) 项目受益权。项目部全面完成与施工单位签订的承包合同后，享有承包合同奖和效益分成奖，对管理人员和工人进行自主分配和嘉奖。

6.3.2 施工准备工作计划

(1) 根据业主指定场地进行施工总平面设计，组织人员进场搭建临时生产、生活设施，在工程正式开工前具备施工条件。

(2) 施工用周转材料视施工阶段进展情况计划材料进场时间，并均保证提前进场。

(3) 对构成工程实体的材料，将先编制详细的物质需求计划，物资储备、申请、订货计划，采购加工计划，附以确切的数量清单，并经甲方审核确认。

(4) 考察主要材料供应商，按照ISO9002标准制定的企业质量体系程序文件的要求，进行合格分承包方评价。

(5) 所有的进场物资按预先设定的场地分别堆放，并做好标识及产品保护工作。

(6) 依据业主提供的水准点，测量队提前进驻现场进行测量控制网布测。

(7) 与设计院协商制订施工图出图计划，安排好图纸自审、会审、设计交底时间，制定出其他专业与土建施工之间的工序穿插计划、穿插点。

(8) 根据工程结构特点确定关键特殊工序以及质量控制点，制定相应的技术保证措施及质量保证计划，并及时做好对施工人员的逐级交底，确保在施工中贯彻实施。

6.3.3 施工安排

6.3.3.1 区域划分

施工区域共划分为五个区域：高炉主体及出铁场、重力除尘为一个区域；热风炉、布袋除尘、TRT 为一个区域；高炉矿焦槽为一个区域；循环水泵站及高炉鼓风机房为一个区域；高炉供料系统为一个区域。

6.3.3.2 施工阶段

各项目施工可划分为四个施工阶段。

（1）土建及炉体工艺钢结构、炉壳制作阶段。在这期间，必须抓紧时间进行高炉、热风炉基础、贮矿槽、高炉鼓风机房和循环水泵房的土建施工，同时进行钢结构的制作，热风炉炉壳、高炉炉壳、重力除尘的制作组对，上升下降管的制作，皮带通廊的制作，炉壳的现场组装等。本阶段是该工程的关键，各种构件提前制作不但可以保证加工质量，还可以合理分配劳动力，缓解高炉安装人员紧张的局面，减轻高炉安装的压力。

（2）工艺钢结构、炉壳安装阶段。这一阶段是整个工程的重要阶段，进展速度直接影响到热风炉、高炉炉体、布袋除尘器等设备安装、筑炉施工，而且本道工序交叉施工多，工序之间衔接紧密，相互制约，所以必须做好本阶段工作，为机电设备安装施工创造条件。

（3）机械设备和管道安装阶段。机电设备和能源介质管道工程量较为分散，必须合理安排，及时穿插，突出重点，顾全大局，确保按节点完成全部单体试车。

1）炉顶设备安装直接受钢结构、炉壳安装的制约，同时炉顶设备安装又制约了炉顶框架的安装，两者同时影响液压润滑系统安装、筑炉施工等，这期间要加大协调力度。

2）热风炉炉体设备必须抓紧时间尽快安装，为配管、筑炉施工和电器仪表施工创造条件，保证烘炉时间，为高炉烘炉奠定基础。

3）液压润滑系统由于施工工序多，调试复杂，工期相对长，应创造条件尽早开始安装。

（4）机械设备单体调试和无负荷联动试车阶段。本阶段是在设备安装结束后，能源介质已顺利开通的情况下进行，主要任务是检查设备的性能和安装质量、完善电气及自动化系统，为高炉投料创造条件。前期调试以供配电设备调试为主，保证高炉系统电气设备及时送电，为全面开展调试工作打好基础。中期调试以传动、自动化仪表、PLC调试为重点。调试要求电气设备、自动化仪表、计算机调试同步进行。设备调试以先单体试验后外围试验，先基础后综合，尽快完成设单体调试，及时发现问题，及时解决，最终保证计算机调试成功。

7 施工进度计划及保证措施

7.1 施工进度计划说明

业主要求工期是 2009 年 12 月 20 日土建开始施工，2010 年 10 月 28 日竣工投产。施工单位根据同类高炉的施工经验，经过认真研究，承诺按业主要求按时达到高炉投产条件。

7.2 关键控制点

施工期间关键控制点如下：

2009 年 12 月 24 日	高炉热风炉基础施工
2009 年 12 月 24 日	开始钢结构制作
2010 年 02 月 06 日	高炉、热风炉开始安装
2010 年 05 月 06 日	热风炉开始筑炉
2010 年 06 月 01 日	高炉开始筑炉
2010 年 09 月 05 日	热风炉筑炉完毕
2010 年 10 月 10 日	高炉系统砌筑完毕
2010 年 10 月 05 日	高低压配电系统完工
2010 年 10 月 10 日	高炉及所有设备安装完工
2010 年 10 月 01 日	高配室完成
2010 年 10 月 01 日	单机调试开始
2010 年 10 月 08 日	布袋除尘器完工
2010 年 10 月 11 日	热风炉开始烘炉
2010 年 10 月 11 日	高炉开始烘炉
2010 年 10 月 28 日	竣工

7.3 工期保证措施

根据总体网络计划，针对某钢铁有限公司高炉工程，施工单位郑重承诺按期全面实现总目标。该承诺是施工单位在对同类高炉的施工总结和详细踏勘现场情况的基础上,组织各专业的专家进行反复研究,结合国家同类工程经验提出的。工期保证具体措施如下所述。

7.3.1 组织措施

(1) 以企业管理为基础,项目管理为核心,专家组为支撑建立坚强的组织保障体系及精干高效的项目管理班子。从企业各处室及专业公司抽调骨干力量参与本工程全过程管理,明确责、权、利,充分挖掘他们的潜力,发挥企业综合管理优势。

(2) 施工单位编制的投标网络计划是根据施工单位的施工水平和该工程结构的特点编制的,施工单位一旦中标,这个网络计划就可作合同工期。

(3) 施工单位将根据合同工期的主节点,安排充裕的施工劳动力,同时对每一个主节点和次节点,设置不同金额的经济责任制考核点,在工程任务承包制的基础上执行工程如期完成考核制,对于按期完成考核节点的承包组,按经济责任制考核点的金额嘉奖,对于不能按期完成考核节点的承包组,按经济责任制考核点的金额扣承包组工资。

(4) 强化专业施工队伍。针对该工程的特点、难点及重点进行系统强化培训,为承担主体工程的施工做好全面充分准备。

(5) 实行资金封闭运行和集中管理,设立专项管理基金,统筹安排,专款专用,为急、难、险工程提供保障。

(6) 资源最优化配置。选用最先进、高性能的机械设备,准备足够的周转材料及小型工器具。对工程质量要求高的部位将购置新材料、新设备,为实现精品创造条件。

为了准确地控制每一个主节点的进度工期,施工单位在施工现场采用三级计划控制。

一级计划采用网络进度计划,由项目部根据合同工期制订,该计划是在保证投标施工总进度计划的基础上,根据现场的实际情况对合同总工期的进一步完善,制定经济责任考核点。

二级计划采用横道图计划,该计划以总进度计划的主节点为依据由项目部编制,以 10 天为一个考核周期,以分部分项工程为控制对象对各专业进行工期控制,以此保证每一个主节点按期完成。

三级计划采用任务计划书,该计划书是在二级计划的基础上,按每一项工作必须完成的时间,以计划任务书下达给承包组进行控制,工程部对承包组按天进行考核,保证每一个工序按期或者提前完成。

在施工高峰期采取"天天读"的形式,针对现场施工存在的进度、材料、资金等问题,当天下班前在"天天读"中进行解决,从而确保工程施工进度按照规定的网络进行。

7.3.2 技术措施

全面推广应用新技术、新工艺,依靠技术进步缩短作业时间。如利用工业测量系统(简称 IMS),满足长距离、大范围的测量控制精度;大钢缝连接采用电渣压力焊和镦粗直螺纹连接技术;主动同设计、建设单位进行联系,提前深入了解设计情况,掌握设计进度,交流施工部署,提前做好各项准备。

落实对策措施如下:

(1) 抓好开工前的各项准备工作。主要内容有:认真消化图纸,编制施工方案,组织材料、设备进场,落实施工班组交底,搞好现场作业条件,为工程开工后的顺利进行做好各种服务和保障工作。

(2) 采取全面开花、区段流水、专业配合、工序穿插的施工方法,对重点部位、关键工序集中力量采取倒班作业。

(3) 该工程施工安排组织五个施工区域,每个施工区域均采取专业化施工作业小组负责区域内各分项工程的施工作业,确保总体施工进度。高炉主体安装进一台 300t 履带吊,热风炉和布袋除尘进一台 120t 和一台 50t 汽车吊。

(4) 做好预案,提高应变能力。工程施工过程中,由于自然条件、设计图未按时到达及图纸变更等状况的变化,可能会影响工程总体网络的节点。因此,对这些可能发生的主要变化因素,应提前落实措施做好准备,确保施工过程中即使发生"破吊"也能迅速调整到总体网络计划的要求,确保某钢铁有限公司 1080m^3 高炉工程按期完成。

8 施工资源配备

8.1 劳动力资源配备

针对某钢铁有限公司新 1 号高炉工程特点，施工单位将根据施工进度计划，本着高效、高质的原则，选派具有类似工程经验、懂专业、懂施工管理的专业技术人员参加工程建设，采用承包考核奖励机制，确保工程建设的顺利实施。劳动力计划表见表 8-1。

（1）第一阶段是土建施工、钢结构制作阶段。土建基础施工、钢结构制作是该工程的关键，进展顺利与否直接影响到该工程的进展情况，因此本阶段必须高度重视。本阶段的主要内容包括：高炉热风炉基础、高炉鼓风机房和循环水泵房土建施工，高炉贮矿槽、高炉炉壳、热风炉炉壳、高炉框架、炉顶钢架、布袋除尘器安装等。在高炉安装时，要达到高炉炉壳、热风炉炉壳、重力除尘壳体、布袋除尘钢结构，炉体框架等配套制作完毕。安排高峰期人数为 572 人。

（2）第二阶段与第三阶穿插施工较多，也是施工最为关键的阶段，有土建施工，又有炉壳、钢结构及设备、管道与电气仪表施工，交叉作业多，协调难度大。主要工种有钢筋工、木工、混凝土工、瓦工、抹灰工、架子工、铆工、电气焊工、钳工、管道工、起重工、电工、仪表工、筑炉工等，预计高峰期人数为 1000 人。

（3）第四阶段主要是调试烘炉及施工收尾，主要以钳工、电工、仪表工、管道工为主，考虑到土建钢结构等工程收尾，预计施工人数在 300~400 之间。

表 8-1 劳动力计划表

工种＼工期	第一个月	第二个月	第三个月	第四个月	第五个月	第六个月	第七个月	第八个月	第九个月	第十个月
钢筋工	60	75	75	80	90	80	60	40	30	20
木工	60	75	85	100	120	100	75	55	45	30
水泥工	30	30	35	35	60	35	30	20	10	5
瓦工	30	45	65	80	90	70	60	50	40	30
架子工	20	30	30	45	60	15	15	15	20	20
抹灰工	15	30	45	60	90	60	30	30	30	20
运转工	16	16	18	24	30	22	20	22	16	12
钳工	0	0	15	30	40	35	25	20	15	10
铆工	45	55	75	85	100	85	65	40	30	20
电焊工	40	60	80	100	120	100	75	60	40	30
气焊工	2	4	6	15	20	15	10	10	6	4
起重工	10	15	20	30	35	30	20	15	10	5
测量工	6	10	12	15	20	15	10	10	6	5
管道工	5	10	20	45	60	40	30	20	10	5
探伤工	4	6	8	12	20	12	10	8	6	4
筑炉、保温工	0	20	60	180	250	220	160	120	40	20
油漆工	10	15	20	30	45	40	30	20	10	6
电工	10	30	45	60	70	60	45	35	25	15
仪表调试工	0	10	15	20	30	25	20	15	10	10
普工	150	200	250	350	460	350	300	250	200	100
管理人员	20	25	30	30	60	30	30	30	30	20
合计	533	761	1009	1426	185	1404	1120	885	629	401

8.2 机械配备

针对该工程的特点，结合施工单位现有装备情况，施工单位将对施工机械统一调度，确保该工程施工需要。同时加强设备的维护管理，实行现场对机械抢修制度，保证该工程所用设备达到完好。拟配置该项目的试验和检测仪器设备详表见表 8-2。

表 8-2 拟配备该项目的试验和检测仪器设备详表

序号	仪器设备名称	数量	用途
1	超声探伤仪	1	钢结构无损检测
2	X光探伤仪	1	钢结构无损检测
3	电动试压泵		管道压力试验
4	手动试压泵	2	管道水冷壁压力试验
5	水准仪	3	土建测量及非标找正
6	精密水准仪	1	风机磨机等精找
7	经纬仪	2	基础测量放线等
8	测温仪	2	设备调试
9	测振仪	1	设备调试
10	微机	2	电气仪表调试
11	数字万用表	10	电气仪表调试
12	双踪示波器	1	电气仪表调试
13	直流稳压电源	2	电气仪表调试
14	自动调压器	2	电气仪表调试
15	标准电阻箱	2	电气仪表调试
16	信号发生器		电气仪表调试
17	兆欧表	1	电气仪表调试
18	直流毫伏表	3	电气仪表调试
19	直流毫安表	3	电气仪表调试
20	电桥	1	电气仪表调试
21	精密数字压力表	1	电气仪表调试
22	标准压力表	2	电气仪表调试
23	综合校验仪	1	电气仪表调试
24	交直流耐压试验仪		电气仪表调试
25	双臂电桥	1	电气仪表调试
26	仪表校验仪	6	仪表调试

续表 8-2

序 号	仪器设备名称	数 量	用 途
27	计算机多路信号电源	4	电气仪表调试
28	接地电阻测试仪	1	接地测试
29	摆针式万用表	6	电气仪表调试
30	校线器	10	接线检测
31	继电保护校验仪	1	电气仪表调试
32	电流电压信号发生器	1	电气仪表调试
33	钳形电流表	3	电气仪表调试
34	精密直流电流表	4	电气仪表调试
35	高压试电棒	2	高压电器

8.3 主要材料供应计划

工程材料进场计划表见表 8-3。

表 8-3 工程材料进场计划表 （%）

主要材料	按工程施工阶段投入的数量百分比									
	第一个月	第二个月	第三个月	第四个月	第五个月	第六个月	第七个月	第八个月	第九个月	第十个月
钢筋	20	20	20	20	10	10				
水泥	20	20	20	20	10	10				
砂石	20	20	20	20	10					
高炉炉壳	100									
热风炉炉壳	100									
布袋壳体	20	40	40							
高炉框架	20	40	30	10						
热风炉框架	20	40	30	10						
布袋框架	40	40	20							
皮带通廊	10	20	30	20	10					
非标通道	10	15	30	40	10					

续表 8-3

主要材料	按工程施工阶段投入的数量百分比									
	第一个月	第二个月	第三个月	第四个月	第五个月	第六个月	第七个月	第八个月	第九个月	第十个月
电缆					30	40	30			
桥架			30	40	20	10				
工艺管道					30	30	30	10		
热风炉砌筑				30	50	20				
高炉砌筑					30	30	30	10		
其他非标件钢材			30	30	20	20				

9 施工总平面规划

9.1 平面规划说明

施工现场的平面布置是依据业主提供的招标文件中的有关内容，并在勘查现场的基础上编制的。施工企业承诺，绝对服从业主的管理、协调，根据业主的最新要求进行规划管理和布置，并编制详细的平面规划方案，报业主审批后实施。

项目经理部的工程管理部具体负责施工平面规划的组织、管理和实施，做到定置管理，物流畅通，施工道路、排水、用电、用水到位。同时根据工程施工的进展情况实施动态管理，确保工程的顺利进行。

9.2 临时设施设置

9.2.1 项目管理部设置

（1）项目部设置。项目部办公室为一栋两层彩钢板房，建筑面积300m^2，其中办公室22间（2间为监理单位和业主单位准备），会议室1间，值班室1间。项目部区域内设停车场一个，占地面积600m^2。项目部区域地坪用100mm厚的素混凝土铺设，四周用砖砌围墙封闭。在项目部放置20个颜色和尺寸统一的集装箱式工具房，作为工具存放室和工人休息室，工具房区域地坪用100mm厚的素混凝土铺设，四周用天蓝色彩涂压型板围栏封闭。

（2）土建施工现场。土建施工现场设工具房、仓库、零星构件加工场等。工具房、仓库采用黏土砖砌墙，钢管、石棉瓦屋盖；其余采用钢管结构，石棉瓦封墙及屋盖。

（3）钢结构制作与钢筋加工。针对施工单位与项目毗邻的地域优势，可采用工厂式集中加工作业方式，这既可以保证施工质量，又可以大大加快施工进度。为了满足现场需要，在施工现场设两块钢筋加工场地，用于零星钢筋的加工。

此外，应设立"施工单位及工程名称牌"、"安全生产六大纪律宣传牌"、"防火须知牌"、"安全无重大事故计数牌"、"工地主要管理人员名单牌"、"标段施工平面图"等"五牌一图"。

9.2.2 临时道路

施工区内道路沿拟建道路位置设置，临时道路用 300mm 厚的钢渣铺设。临时道路与正式道路连接处各设一个车辆自动冲洗台，所有车辆必须从自动冲洗台驶出施工区。自动冲洗台设集水池和沉淀池，并设循环水泵，使冲洗水经沉淀后循环利用。

9.2.3 临时用水

供水总管从业主提供的用水总点接出，管径 $DN150$mm，每隔 50m 设一个供水点。

9.2.4 临时用电

施工高峰期用电达 4500kV·A，电缆原则上按道路沿线布置，并沿电缆所经位置做明显的标志，过路位置用钢管保护起来。架空用电杆采用水泥电杆，架空高度在 6m 以上。在现场各固定用电处设置配电箱，引至各用电器。各用水作业区采用移动式辅助照明。

9.2.5 临时排水

利用现场正式施工排水沟做现场排水沟，无正式排水沟处采用。采用砖砌临时排水沟，沟深 600mm，宽 500mm，与正式排水沟相接。

9.2.6 围栏设置

在施工区域四周用围栏封闭。围栏总高度为 1.8m，其中下部 0.3m 为砖砌矮墙，上部 1.5m 为压型彩板。

9.3 施工测量控制

该工程开工后，测量人员根据甲方给出的控制点，布置测量控制点，并设置主要设备安装控制线桩点作为施工控制依据，控制点均设置在路边，控制点采用 500mm×500mm×500mm C20 混凝土桩上埋 150mm×150mm×8mm 铁件。

9.4 施工总平面的管理

施工现场的平面布置依据业主提供的招标文件中的有关内容编制。施工单位应绝对服从业主的管理、协调，根据业主的最新要求进行规划管理和布置，并编制详细的平面规划方案，报业主审批后实施。

10 高炉本体设计

10.1 高炉内型设计

高炉内型对高炉冶炼起着重要作用。合理的内型能促进冶炼指标的改善，反之则冶炼指标会受到影响。合理的内型必须和炉料条件、送风制度、操作制度以及炉内运动规律相适应才能获得最佳冶炼效果。

合理的高炉内型应与所使用的原燃料条件及冶炼铁种的特性相适应。实际上各厂高炉内型各部尺寸的选择是在计算以及与同类型高炉内型分析比较的基础上，根据各厂的具体条件选定的。我国部分高炉炉型尺寸见表10-1，国外部分高炉炉型尺寸见表10-2。其中，V_u为高炉有效容积；d为炉缸直径；D为炉腰直径；d_1为炉喉直径；d_0为大钟直径；H为全高；H_u为有效高度；h_0为死铁层高度；h_z为渣口高度；h_f为风口高度；h_1为炉缸高度；h_2为炉腹高度；h_3为炉腰高度；h_4为炉身高度；h_5为炉喉高度；α为炉腹角；β为炉身角；A为炉缸截面积。

本章介绍一高炉本体设计的实例，即新建一座年产115万吨生铁（炼钢生铁85%，铸造生铁15%）的高炉炼铁车间的工艺设计。

10.1.1 高炉年产量的计算

铸造生铁与炼钢生铁的换算系数为1∶1.15，故本设计高炉全年的生铁任务为：

$P = 115×85\% + 115×15\%×1.15 = 97075 + 19.84 = 117.59$ 万吨

10.1.2 高炉有效容积的确定

高炉全年的生铁任务为 $P = 117.59$ 万吨，据此计算高炉日产量 p。

10.1 高炉内型设计

表 10-1 我国部分高炉炉型尺寸

符号	单位	鞍钢	本钢	攀钢	梅山钢厂	大钢	首钢	包钢	鞍钢	武钢	宝钢
V_u	m^3	831	917	1000	1000	1053	1200	1800	2025	2516	4064
d	mm	6500	6800	7200	7300	7300	8080	9700	10000	10800	13400
D	mm	7500	7700	8200	8720	8300	9120	10500	11000	11900	14600
d_1	mm	5500	5760	5800	5800	5800	5900	6800	7200	8200	9500
d_0	mm	4000	4200	—	—	4200	4200	4800	5200	6200	—
H	mm	27165	—	—	—	28750	—	30750	31900	32665	—
H_u	mm	24100	25550	24600	24606	26000	25500	28320	29000	30000	32100
h_0	mm	450	450	875	800	604	571	922	1000	700	1800
h_z	mm	1500/1400	1400/1300	1400/1300	1400/1300	1600/1400	1550/1550	1700/1500	1800/1600	1700/1600	—
h_f	mm	2800	2700	2700	2700	2800	2750	3000	3000	3200	4270
h_1	mm	3200	3050	3200	3200	3200	3200	3400	3500	3700	4900
h_2	mm	3200	3200	3000	4250	3200	3300	3200	3000	3500	4000
h_3	mm	2250	3000	2200	616	2000	1800	2120	2000	2200	3100
h_4	mm	12950	13300	14200	14480	14800	14900	17200	18500	18000	18100
h_5	mm	2500	3000	2000	2060	2800	2300	2400	2000	2600	2000
α		81°7′	82°	80°4′	80°3′	81°7′10″	81°2′40″	82°52′30″	80°32′15″	81°4′25″	81°28′9″
β		85°35′	85°49′	84°38′	84°15′	85°10′20″	83°50′	83°51′39″	84°8′10″	84°7′54″	81°58′50″

续表 10-1

符号	单位	企业名称							
		鞍钢	本钢	攀钢	梅山钢厂	大钢	首钢	包钢	鞍钢	武钢	宝钢
$(d_1-d_0)/2$	mm	750	780	—	—	800	650	1000	1000	1000	—
A	m²	33.2	36.3	40.7	41.8	41.8	51.2	73.9	78.5	91.6	141
V_u/A		25	25.26	24.57	23.92	25.2	23.4	24.4	25.8	27.5	28.8
H_u/D		3.26	3.32	3	3	3.13	2.799	2.7	2.64	2.52	2.2
D/d		1.15	1.13	1.14	1.19	1.13	1.13	1.08	1.1	1.1	1.09
d_1/D		0.733	0.75	0.7	0.67	0.7	0.649	0.64	0.655	0.69	0.65
d_1/d		0.846	0.85	0.81	0.79	0.795	0.731	0.7	0.72	0.76	0.71
风口	个	14	12	14	14	14	18	20	22	24	36

表 10-2 国外部分高炉炉型尺寸

符号	单位	企业名称							
		俄罗斯谢维尔钢铁	日本鹿岛	日本福山	日本君津	俄罗斯新利佩茨克	俄罗斯北方钢铁	德国克劳伯	荷兰灵威尔	美国共和南厂	俄罗斯乌拉尔钢铁
V_u	m³	5580	5050	4617	4063	3200	2700	2625	2652	2054	1719
d	mm	15100	15000	14400	13400	12000	11000	11500	11200	9700	9100
D	mm	16500	16300	15900	14600	13300	12250	12500	12270	10600	10200
d_1	mm	11200	10900	10700	9500	8900	8200	8400	8070	7300	6900

续表 10-2

符号	单位	俄罗斯谢维尔钢铁	日本鹿岛	日本福山	日本君津	俄罗斯新利佩茨克	俄罗斯北方钢铁	德国北房伯	荷兰灵威尔	美国共和国厂	俄罗斯乌拉尔钢铁
H_u	mm	34800	31800	30500	32600	32200	31200	27800	29300	31800	28500
h_0	mm	—	1500	1500	1800	—	1100	2300	1400	1100	1000
h_1	mm	5700	5100	4700	4900	4600	3600	3850	4300	3900	3200
h_2	mm	3700	4000	4300	4000	3400	3000	3300	3300	3650	3000
h_3	mm	2000	2800	2500	3100	1900	2000	2300	2800	3750	2000
h_4	mm	20700	16900	17000	18100	20000	20100	16500	17900	16700	17800
h_5	mm	3000	3000	2000	2500	2300	2500	1850	1000	3800	2500
h_z	mm		—	2800	2800	—	1600	2050	2200	2243	1600/1400
h_f	mm		4500	4200	4270	—	3200	3200	3670	3000	2800
α		82°42′17″	82°25′	80°6′	81°28′	79°10′57″	78°14′	81°35′	80°32′	83°	79°36′40″
β		79°13′17″	81°24′	81°18′	81°59′	83°43′22″	84°15′	82°55′	83°18′	84°28′	84°42′14″
铁口	个		4	3	4	4	—	3	2	2	2
风口	个		40	42	35	32	24	28	30	26	18
渣口	个		0	2	2	0	—	2	1	2	2
A	m²	179	176.63	162.78	140.95	113.04	94.99	103.82	98.47	73.86	65.01
V_u/A		31	28.59	28.36	28.83	28.31	28.42	25.28	26.93	27.8	26.44
H_u/D		2.1	1.92	1.95	2.24	2.24	2.55	2.22	2.39	3.00	2.79

$$p = \frac{P}{365M/(1-\eta)}$$

式中 M——高炉座数,座,本设计为1;

η——高炉休风率,%,本设计取2%。

则高炉的日产量:

$$p = \frac{P}{365M/(1-\eta)} = \frac{117.59}{365 \times 2/98\%} = 0.33 \text{ 万吨} = 3300\text{t}$$

高炉有效容积 V_u 为:

$$V_u = \frac{p}{n} = \frac{pk}{i}$$

式中 k——焦比,吨焦/吨铁,本设计取0.5;

i——冶炼强度,吨焦/($m^3 \cdot d$),本设计取1.2。

则高炉有效容积:$V_u = \dfrac{p}{n} = \dfrac{pk}{i} = \dfrac{1650 \times 0.5}{1.2} = 688 m^3$

10.1.3 高炉内型尺寸的确定

高炉内型简图如图 10-1 所示。

10.1.3.1 炉缸

A 炉缸直径 (d)

$d = 0.32 \times V_u^{0.45} = 0.32 \times 688^{0.45}$

$= 0.32 \times 18.92 = 6.05 m$

取 $d = 6.1 m$。

B 炉缸高度

a 渣口高度 (h_z)

$$h_z = 1.27 \times \frac{bp}{NC\gamma_T d^2}$$

式中 b——生铁产量波动系数,本设计取1.2;

p——生铁日产量,t;

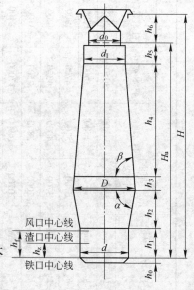

图 10-1 高炉内型简图

N——日出铁次数,本设计取 9;
C——渣口下部炉缸容积利用系数,为 0.55~0.6,炉容大,渣量大时选取较低值,本设计取 0.58;
γ_T——铁水密度,为 7.2~7.4kg/m³,本设计取 7.3 kg/m³;
d——炉缸直径,m。

本设计 $h_z = 1.27 \times \dfrac{bp}{NC\gamma_T d^2} = 1.27 \times \dfrac{1.2 \times 1650}{9 \times 0.58 \times 7.3 \times 6.1^2} = 1.77\text{m}$

取 $h_z = 1.8\text{m}$。

b 风口高度(h_f)

$$h_f = \frac{h_z}{k}$$

式中,k 为渣口高度与风口高度之比,一般为 0.5~0.6,本设计取 0.55。

则

$$h_f = \frac{h_z}{k} = \frac{1.8}{0.55} = 3.72\text{m}$$

取 $h_f = 3.3\text{m}$。

风口数目按经验公式有:

$$n = 2(d+1) = 2(6.1+1) = 14.2$$

取风口数目 $n = 14$ 个。
风口结构尺寸取经验值 $f = 0.37$。

c 炉缸高度(h_1)

$$h_1 = h_f + f = 3.3 + 0.37 = 3.67\text{m}$$

取 $h_1 = 3.7\text{m}$。

C 死铁层高度(h_0)

死铁层高度为:

$$h_0 = 0.2 \times 炉喉高度 = 0.2 \times h_5 = 0.2 \times 2.25 = 0.45\text{m}$$

10.1.3.2 炉腰

对于炉腰直径(D),根据经验,$V_u = 688\text{m}^3$ 时,取 $D/d = 1.15$~1.25,本设计取 $D/d = 1.20$,则

$$D = 1.20d = 1.20 \times 6.1 = 7.32\text{m}$$

取 $D = 7.3 \text{m}$。

10.1.3.3 炉腹

炉腹角 $\alpha = 79° \sim 83°$,本设计取 $\alpha = 79°30'$。

炉腹高度 h_2 为:

$$h_2 = \frac{D-d}{2} \times \tan\alpha = \frac{1}{2} \times (7.3 - 6.1) \times \tan 79°30' = 3.24 \text{m}$$

取 $h_2 = 3.2 \text{m}$。

校核 α,有:

$$\tan\alpha = \frac{2h_2}{D-d} = \frac{2 \times 3.2}{7.3 - 6.1} = 5.33$$

则

$$\alpha = 79.37° = 79°22'$$

10.1.3.4 炉喉

计算炉喉直径 (d_1),取经验值 $d_1/D = 0.64 \sim 0.73$,本设计选 $d_1/D = 0.7$,则

$$d_1 = 0.7D = 0.7 \times 7.3 = 5.11 \text{m}$$

取 $d_1 = 5.1 \text{m}$。

选取炉喉高度(经验值)$h_5 = 2.25 \text{m}$。

10.1.3.5 炉身、炉腰高度

炉身角 β 为 $80.5° \sim 85.5°$,本设计选取 $\beta = 84.5°$。

炉身高度 (h_4) 为:

$$h_4 = \frac{1}{2}(D - d_1)\tan\beta = \frac{1}{2} \times (7.3 - 5.1) \times \tan 84.5° = 11.42 \text{m}$$

取 $h_4 = 11.4 \text{m}$。

校核 β,有:

$$\tan\beta = \frac{2h_4}{D - d_1} = \frac{2 \times 11.4}{7.3 - 5.1} = 10.36$$

则

$$\beta = 84.49° = 84°29'$$

选取 $H_u/D = 3.0$,则

$$H_u = 3.0D = 3.0 \times 7.3 = 21.9 \text{m}$$

取 $H_u = 22m$。

炉腰高度：$h_3 = H_u - h_1 - h_2 - h_4 - h_5 = 22 - 3.7 - 3.2 - 11.4 - 2.25 = 1.45m$

10.1.3.6 校核炉容

$$V_1 = \frac{\pi}{4}d^2 h_1 = \frac{\pi}{4} \times 6.1^2 \times 3.7 = 108.08 m^3$$

$$V_2 = \frac{\pi}{12}h_2(D^2 + Dd + d^2) = \frac{\pi}{12} \times 3.2 \times (7.3^2 + 7.3 \times 6.1 + 6.1^2) = 113.07 m^3$$

$$V_3 = \frac{\pi}{4}D^2 h_3 = \frac{\pi}{4} \times 7.3^2 \times 1.45 = 60.66 m^3$$

$$V_4 = \frac{\pi}{12}h_4(Dd_1 + D^2 + d_1^2) = \frac{\pi}{12} \times 11.4 \times (7.3 \times 5.1 + 7.3^2 + 5.1^2) = 347.61 m^3$$

$$V_5 = \frac{\pi}{4}d_1^2 h_5 = \frac{\pi}{4} \times 5.1^2 \times 2.25 = 45.94 m^3$$

则 $V'_u = V_1 + V_2 + V_3 + V_4 + V_5 = 108.08 + 113.07 + 60.66 + 347.61 + 45.94$
$= 675.36 m^3$

误差 $\Delta u = \left| \frac{V_u - V'_u}{V'_u} \right| = \left| \frac{688 - 675.36}{675.36} \right| \times 100\% = 1.87\% < 2\%$，符合设计标准。

10.2 高炉内衬设计

高炉炉衬是按照设计的炉型用耐火材料砌筑而成的。耐火材料直接承受高温作用、化学侵蚀、炉料和煤气运动的磨损等多种因素的破坏作用，故炉衬结构和耐火材料的材质直接影响到炉衬寿命。选用的耐火材料应与高炉内型部位相配合，与原燃料条件相适应，与冷却设备的配合合理。高炉用耐火砖尺寸通用标准见表10-3。

对于圆环形砌砖，则有简便计算方法：计算每层从内到外相邻各圈的砌砖块数，有如图10-2所示的四类砌砖计算简化图例，其中 A 为直形砖的块数。计算时，只需计算出内圈块数即可简易地推算出相邻各圈的直形砖块数。

本设计的高炉容积为688m^3，根据《高炉炼铁工艺与计算》（冶金工业出版社，1991年），得到适合本设计的高炉内衬特征，见表10-4。

表 10-3　高炉用耐火砖尺寸通用标准　　　　　（mm）

形状	砖号	尺寸			
		a	b	b_1	c
直形砖	G1	230	150	—	75
	G2	345	150	—	75
	G7	230	115	—	75
	G8	345	115	—	75
楔形砖	G3	230	150	135	75
	G4	345	150	130	75
	G5	230	150	120	75
	G6	345	150	110	75

注：a 为长度，b、b_1 分别为大头宽和小头宽，c 为厚度。

G3：97	G3：97	G4：87	G4：87	G4：87	G3：97	G3：97	G4：87
G1：A+10	G1：A	G2：A+15	G2：A	G2：A+15	G1：A	G1：A	G2：A

图 10-2　砌砖计算简化图例

表 10-4　高炉内衬特征

炉容 /m³	部位								
	炉底		炉缸（铁口处）		炉腹		炉腰		炉身下部		炉身上部	
	材质	厚度/mm	材质	厚度/mm	材质	厚度/mm	材质	厚度/mm	材质	厚度/mm	材质	厚度/mm
688	炭砖	2800	炭砖	1150	高铝砖	345	高铝砖	345	黏土砖	345	黏土砖	575

以下设计中所用到的炉体各部位尺寸均为 10.1 节高炉内型设计所得。

10.2.1　高炉炉底砌砖

高炉炉底采用炭砖炉底，由表 10-4 可知炉底厚度为 2800mm，设计采用炉底外围直径为 11200mm。设计采用炭砖的型号为 400m×400m×1500m。

所需炭砖层数 = 2800/400 = 7 层

$$V_{炉底} = \pi r^2 h = \pi \times \left(\frac{11200}{2}\right)^2 \times 2800 = 2.76 \times 10^{11} \text{mm}^3$$

$$V_{砖} = 400 \times 400 \times 1500 = 2.4 \times 10^8 \text{mm}^3$$

故所需砖块数 $n = \dfrac{V_{炉底}}{V_{砖}} = \dfrac{2.76 \times 10^{11}}{2.4 \times 10^8} = 1150$ 块

10.2.2 高炉死铁层区域砌砖

死铁层厚度为 0.45m，即 450mm，则

$$用砖层数 = \frac{450}{75} = 6 \text{ 层}$$

第 1 层：$d = 5200$mm。
第 1 圈：G1 和 G3 配合。

$$G3: n_s = \frac{2\pi a}{b-b_1} = \frac{2 \times 3.14 \times 230}{150-135} = 97 \text{ 块}$$

$$G1: n_z = \frac{\pi d - n_s b_1}{b} = \frac{3.14 \times 5200 - 97 \times 135}{150} = 22 \text{ 块}$$

根据简便算法可知各圈的砌砖块数为：

G3:97	G3:97	G3:97	G3:97	G3:97	G3:97	G3:97
G1:82	G1:72	G1:62	G1:52	G1:42	G1:32	G1:22

第 2 层：$d = 5350$mm。
第 1 圈：G3 和 G1 配合。

$$G3: n_s = \frac{2\pi a}{b-b_1} = \frac{2 \times 3.14 \times 230}{150-135} = 97 \text{ 块}$$

$$G1: n_z = \frac{\pi d - n_s b_1}{b} = \frac{3.14 \times 5350 - 97 \times 135}{150} = 25 \text{ 块}$$

G4:87	G4:87	G3:97	G3:97	G3:97	G3:97
G2:85	G2:70	G1:55	G1:45	G1:35	G1:25

第 3 层：$d = 5500$mm。
第 1 圈：G1 和 G3 配合。

G3: $n = \dfrac{2\pi a}{b-b_1} = \dfrac{2\times 3.14\times 230}{150-135} = 97$ 块

G1: $n_z = \dfrac{\pi d - n_s b_1}{b} = \dfrac{3.14\times 5500 - 97\times 135}{150} = 28$ 块

G4: 87	G3: 97	G3: 97	G3: 97	G3: 97	G3: 97
G2: 83	G1: 68	G1: 58	G1: 48	G1: 38	G1: 28

第 4 层：$d = 5650$ mm。

第 1 圈：G1 和 G3 配合。

G3: $n_s = \dfrac{2\pi a}{b-b_1} = \dfrac{2\times 3.14\times 230}{150-135} = 97$ 块

G1: $n_z = \dfrac{\pi d - n_s b_1}{b} = \dfrac{3.14\times 5650 - 97\times 135}{150} = 31$ 块

G4: 87	G4: 87	G3: 97	G3: 97	G3: 97
G2: 83	G2: 66	G1: 51	G1: 41	G1: 31

第 5 层：$d = 5800$ mm。

第 1 圈：G2 和 G4 配合。

G4: $n_s = 87$ 块

G2: $n_z = \dfrac{\pi d - n_s b_1}{b} = \dfrac{3.14\times 5800 - 87\times 130}{150} = 46$ 块

G4: 87	G4: 87	G4: 87	G4: 87
G2: 91	G2: 76	G2: 61	G2: 46

第 6 层：$d = 5950$ mm。

第 1 圈：G2 和 G4 配合。

G4: $n_s = 87$ 块

G2: $n_z = \dfrac{\pi d - n_s b_1}{b} = \dfrac{3.14\times 5950 - 87\times 130}{150} = 49$ 块

G4: 87	G4: 87	G3: 97	G4: 87
G2: 79	G2: 64	G1: 49	G2: 49

10.2.3 高炉炉缸砌砖

炉缸高度为 3.7m,则

$$总用砖层数 = \frac{3700}{75} = 49 \text{ 层}$$

设计中将炉缸分为 6 段,从下至上每段的砌砖层数分别为：8,8,8,8,9,8。

第 1 段：内圈采用 G4 和 G2 配合。

 G4：$n_s = 87$ 块

 G2：$n_z = \dfrac{\pi d - n_s b_1}{b} = \dfrac{3.14 \times 6100 - 87 \times 130}{150} = 52$

G4：87	G4：87	G4：87	G4：87	
G2：97	G2：82	G2：67	G2：52	×4
G4：87	G4：87	G3：97	G4：87	
G2：92	G2：77	G1：52	G2：52	×4

第 2 段：前 4 层,内圈采用 G4 和 G2 配合。

 G4：$n_s = 87$ 块

 G2：$n_z = \dfrac{\pi d - n_s b_1}{b} = \dfrac{3.14 \times 6100 - 87 \times 130}{150} = 52$ 块

G4：87	G3：97	G4：87	G4：87	
G2：92	G1：67	G2：62	G2：52	×4

后 4 层,内圈采用 G1 和 G3 配合。

 G3：$n_s = 97$ 块

 G1：$n_z = \dfrac{\pi d - n_s b_1}{b} = \dfrac{3.14 \times 6100 - 97 \times 135}{150} = 40$ 块

G4：87	G4：87	G4：87	G3：97	
G2：95	G2：80	G2：65	G1：40	×4

第 3 段：

G3:97	G4:87	G3:97	G4:87
G1:77	G2:77	G1:5	G2:52

×4

G3:97	G3:97	G4:87	G4:87
G1:77	G1:67	G2:67	G2:52

×4

第4段：

G3:97	G4:87	G4:87	G3:97
G1:80	G2:80	G2:65	G1:40

×4

G4:87	G4:87	G3:97	G3:97
G2:80	G2:75	G1:50	G1:40

×4

第5段：

G3:97	G4:87	G3:97	G4:87
G1:77	G2:77	G1:52	G2:52

×3

G4:87	G3:97	G4:87	G3:97
G2:80	G1:65	G2:65	G1:40

×3

G4:87	G4:87	G4:87
G2:82	G2:67	G2:52

×3

第6段：

G4:87	G4:87	G3:97
G2:80	G2:65	G1:40

×3

G4:87	G3:97	G4:87
G2:77	G1:52	G2:52

×3

G3:97	G4:87	G4:87
G1:67	G2:67	G2:52

×3

10.2.4 高炉炉腹砌砖

高炉炉腹高度为3.2m，则

$$\text{所需高铝砖层数} = \frac{3200}{75} = 43 \text{ 层}$$

炉腹内衬厚度为345mm，所以采用 G2 和 G4 配合。

为设计方便，将炉腹分为三段进行砌砖计算。从下往上每段的砖层数分别为：13，15，15。

第 1 段：

G4：$n_s = 87$ 块

G2：$n_z = \dfrac{\pi d - n_s b_1}{b} = \dfrac{3.14 \times 6300 - 87 \times 130}{150} = 56$ 块

G4：87
G2：56	×13

第 2 段：

G4：$n_s = 87$ 块

G2：$n_z = \dfrac{\pi d - n_s b_1}{b} = \dfrac{3.14 \times 6700 - 87 \times 130}{150} = 65$ 块

G4：87
G2：65	×15

第 3 段：

G4：$n_s = 87$ 块

G2：$n_z = \dfrac{\pi d - n_s b_1}{b} = \dfrac{3.14 \times 7100 - 87 \times 130}{150} = 73$ 块

G4：87
G2：73	×15

10.2.5 高炉炉腰砌砖

炉腰高度为1.45m，则

所需高铝砖的层数 = $\dfrac{1450}{75}$ = 20 层

炉腰内衬厚度为 345mm,所以采用 G2 和 G4 配合。

G4：n_s = 87 块

G2：$n_z = \dfrac{\pi d - n_s b_1}{b} = \dfrac{3.14 \times 7300 - 87 \times 130}{150}$ = 77 块

G4：87
G2：77

×20

10.2.6 高炉炉身砌砖

高炉炉身高为 11.4m，则

$$\text{所需黏土砖的层数} = \dfrac{11400}{75} = 152 \text{ 层}$$

10.2.6.1 炉身下半部

为设计方便，将炉身下半部分为 15 段，炉身下部炉衬厚度为 575mm。

第 1 段：

G4：n_s = 87 块

G2：$n_z = \dfrac{\pi d - n_s b_1}{b} = \dfrac{3.14 \times 7300 - 87 \times 130}{150}$ = 77 块

G3：97	G4：87
G1：77	G2：77

×5

第 2 段：

G3：n_s = 97 块

G1：$n_z = \dfrac{\pi d - n_s b_1}{b} = \dfrac{3.14 \times 7240 - 97 \times 135}{150}$ = 64 块

G4：87	G3：97
G2：79	G1：64

×5

第 3 段：

G4：$n_s = 87$ 块

G2：$n_z = \dfrac{\pi d - n_s b_1}{b} = \dfrac{3.14 \times 7180 - 87 \times 130}{150} = 75$ 块

G3：97	G4：87
G1：75	G2：75

×5

第 4 段：

G3：$n_s = 97$ 块

G1：$n_z = \dfrac{\pi d - n_s b_1}{b} = \dfrac{3.14 \times 7120 - 97 \times 135}{150} = 62$ 块

G4：87	G3：97
G2：77	G1：62

×5

第 5 段：

G3：97	G4：87
G1：77	G2：72

×5

第 6 段：

G4：87	G3：97
G2：74	G1：59

×5

第 7 段：

G3：97	G4：87
G1：70	G2：70

×5

第 8 段：

G4：87	G3：97
G2：72	G1：57

×5

第 9 段：

G3:97	G4:87
G1:67	G2:67

×5

第10段：

G4:87	G3:97
G2:69	G1:54

×5

第11段：

G3:97	G4:87
G1:65	G2:65

×5

第12段：

G4:87	G3:97
G2:67	G1:52

×5

第13段：

G3:97	G4:87
G1:62	G2:62

×5

第14段：

G4:87	G3:97
G2:64	G1:49

×5

第15段：

G3:97	G4:87
G1:60	G2:60

×5

10.2.6.2 炉身上半部

为设计方便，将炉身下半部分为13段，炉身上半部炉衬厚度为345mm。计算过程省略，用砖图列于下。

第 1 段：

G4：87
G2：59

×6

第 2 段：

G6：54
G2：92

×6

第 3 段：

G4：87
G2：59

×6

第 4 段：

G6：54
G2：88

×6

第 5 段：

G4：87
G2：50

×6

第 6 段：

G6：54
G2：84

×6

第 7 段：

G4：87
G2：46

×6

第 8 段：

G6：54
G2：80

×6

第 9 段：

G4：87	
G2：42	×6

第 10 段：

G6：54	
G2：76	×6

第 11 段：

G4：87	
G2：38	×6

第 12 段：

G6：54	
G2：71	×6

第 13 段：

G4：87	
G2：33	×4

10.2.7 高炉炉喉钢砖选型

本章设计采用块状炉喉钢砖，选用的适合该设计高炉容积的炉喉钢砖尺寸见表 10-5。

表 10-5 炉喉钢砖尺寸

炉容 /m^3	形式	块数	每块重量 /kg	材质	高 /mm	宽 /mm	壁厚 /mm	连接螺栓	缝隙 /mm
688	块状	294	163	—	200	595/713	70	M30	20

10.3 炉体冷却设备

对高炉冷却结构的基本要求如下：
（1）有足够的冷却强度，能够保护炉壳和内衬。

(2) 炉身中上部能起支承内衬的作用,并易于形成工作内型。

(3) 炉腹、炉腰、炉身下部易形成渣皮以保护内衬和渣皮。

(4) 不影响炉壳的气密性和强度。

我国常用的冷却设备有冷却壁、冷却板、支梁式水箱等。

(1) 冷却壁可分为光面冷却壁、镶砖冷却壁、凸台镶砖冷却壁等,根据使用材质又可分为耐热铸铁冷却壁、球墨铸铁冷却壁、钢冷却壁和铜冷却壁。

(2) 冷却板形式有铸铜冷却板(其中有两个通道的和四个通道的),还有埋入式铸铁冷却板等。

(3) 水箱有铸铁支梁式水箱、铸钢空腔式水箱等。

不同种类的冷却设备用于高炉的不同部位。由于高炉各部分热负荷不同,采用的冷却方式也不同。现代高炉主要采用外部冷却和内部冷却两种。内部冷却结构又分为冷却壁、冷却板、板壁结合冷却结构及炉底冷却。

本章设计对于冷却设备的选择如下详述。

10.3.1 外部喷水冷却

外部喷水冷却常适用于小型高炉。在炉身和炉腹部位装设有环形冷却水管,水管直径为 $\phi 50 \sim 150mm$,距炉壳约 $100mm$,水管上朝炉壳的斜上方钻有若干 $\phi 5 \sim 8mm$ 的小孔,小孔间距 $100mm$。冷却水经小孔喷射到炉壳上进行冷却。

10.3.2 冷却壁的选择

本章设计高炉冷却壁的选择见表10-6。光面冷却壁和镶砖冷却壁的尺寸见表10-7和表10-8。光面冷却壁尺寸和镶砖冷却壁尺寸需要进一步说明的问题如下:

(1) 冷却壁的长度取 $2.2m$。

表10-6 高炉冷却壁选择

炉容	炉底	炉缸	炉腹	炉身 $\frac{2}{3}$ 以下
688m³	光面冷却壁	光面冷却壁	镶砖冷却壁	镶砖冷却壁

表 10-7 光面冷却壁尺寸

炉容/m³	部位	尺寸/mm			每圈块数	固定螺栓		水管				进出水管口套管			重量/kg
		高	宽	厚		直径/mm	个数	材质钢号	管径/mm	壁厚/mm	最小弯曲半径/mm	管径/mm	壁厚/mm	长度/mm	
688	炉底	1797	1163	100	24	36	4	20	44.5	6	100	52.5	5.5	140	1564
	炉缸	2371	1030	100	24	36	4	20	44.5	6	90	52.5	5.5	140	1963

表 10-8 镶砖冷却壁尺寸

炉容/m³	部位	尺寸						每层块数	水管			螺栓		重量/kg
		高/mm	宽/mm	厚/mm	砖厚/mm	砖面积/m²	铁面积/m²	砖铁面积比		管径/mm	壁厚/mm	最小弯曲半径/mm	直径/mm	个数	
688	炉腹	2568	1014	250	150	0.92	1.38	0.67	24	44.5	6	90	36	4	3100

（2）风口区冷却壁数目为风口数量的两倍，即 14×2＝28 块。

（3）渣口上、下段各 2 块冷却壁。

（4）冷却壁蛇形管采用 $\phi 44.5mm \times 6mm$，中心距为 150mm。蛇形管只有一个接头，且不放在弯曲段上。

（5）冷却壁采用《高炉用铸铁冷却壁》（YB/T4073—2007）中牌号为 HT15-33 的灰铸铁，蛇形管用《锅炉用材料入厂验收规则》（JB/T 3375—2002）中的冷拔无缝钢管，材质为 20 号钢。

（6）冷却壁之间及冷却壁与炉壳之间的间隙：

1）同一段每块之间的垂直缝为 20mm，上下段水平缝为 30mm，上下两段冷却壁间垂直缝相互错开，缝间用铁质锈接材料锈接严密。

2）光面冷却壁与炉壳之间留 20mm 缝隙，用稀泥灌满，与砖衬间留缝 100~150mm，填以炭素料。

10.3.3 水冷炉底

高炉炉缸直径大，周围径向冷却壁冷却已不足以将炉底中心部位的热量散发出去，所以采用炉底水冷。

水冷中心管线以下埋在炉基耐火混凝土基墩上表面中，中心线以上为炭素捣固层，水冷管为 $\phi 40mm \times 10mm$，炉底中心部位水冷管间距 250mm，边缘间距 350mm。水冷管两端伸出炉壳外 50~100mm，炉壳开孔后加垫板加固，开孔处应避开炉壳折点 150mm 以上。图 10-3 所示为本章设计选用的水冷炉底结构示意图。

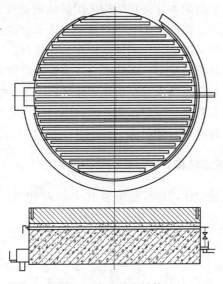

图 10-3 水冷炉底结构图

10.4 高炉钢结构

高炉钢结构包括炉壳、炉体框架、炉顶框架、平台和梯子等。高炉钢结构是保证高炉正常生产的重要设施。设计高炉钢结构应考虑的主要因素有：高炉是庞大的竖炉，设备层层叠叠，钢结构设计必须考虑到各种设备安装、检修、更换的可能性，要考虑到大型设备的运进运出，吊上吊下，临时停放等的可能性；高炉是高温高压的反应器，某些钢结构件应具有耐高温高压、耐磨和可靠的密封性；运动装置运动轨迹周围应留有足够的净空尺寸，并且要考虑到安装偏差和受力变形等因素；对于支撑构件，要认真分析荷载条件；露天钢结构和扬尘点附近钢结构应避免积尘积水;合理设置走梯、过桥和平台,使操作方便,安全可靠。

10.4.1 高炉本体钢结构

设计高炉本体钢结构,主要是解决炉顶荷载、炉身荷载传递到炉基的方式方法,并且要解决炉壳密封等。

本章设计对于高炉本体的钢结构采用炉体框架式,这种结构由4根支柱连接成框架,而框架是一个与高炉本体不相连的独立结构。框架下部固定在高炉基础上,顶端则支撑在炉顶平台。因此,炉顶框架的重量、煤气上升管的重量、各层平台及水管重量完全由大框架直接传给基础,只有装料设备重量经炉壳传给基础。这种结构由于取消了炉缸支柱,框架离开高炉一定距离,所以风口平台宽敞,炉前操作方便,还有利于大修时炉容的扩大。

10.4.2 炉壳及炉体结构

选用的炉壳及炉体结构厚度见表10-9和表10-10。

表10-9 炉壳厚度

高炉容积/m³	高炉结构形式	高炉炉壳厚度/mm							
		炉底	风口区	炉腹	炉腰	托圈	炉身下部	炉顶及炉喉	炉子其他部位
688	炉体框架	28	32	28	28	—	25	25	20

表10-10 由3号碳素钢制作的炉体结构最小构造厚度 (mm)

高炉类型	除尘器外壳	洗涤塔外壳	热风炉底板	热风管道	荒煤气管道	冷风管道
中型高炉	6	6	14	8	8	8

10.4.3 支柱

炉体框架由4根支柱组成,上至炉顶平台,下至高炉基础,与高炉中心成对称布置,在风口平台以上部分采用钢结构,用"Z"字形断面,也有用圆形断面,圆筒内灌以混凝土。风口平台以下部分可以是钢结构,也可以采用钢筋混凝土结构。

10.4.4 炉体平台走梯

高炉炉体配置机械设备、人孔、探测孔及冷却设施的区域均应设有平台。各层平台之间设有走梯相连接。高炉炉体的平台及走梯应符合下列要求：

（1）过道平台及梯子的宽度一般为 700~800mm；炉体各层工作平台一般不小于 1200mm。

（2）炉身各层平台的铺板应采用花纹钢板或采取防滑措施。

（3）炉身平台与炉壳间所留的空隙是为了冷却设备配管之用。平台的两侧应加设高为 100mm 的踢脚板。

（4）炉身走梯一般采用坡度为 45°的斜梯，上下梯段最好能相互错开，梯段高度一般不大于 4m。

（5）平台及梯子的栏杆高度一般采用 1.1m。

炉体各层平台的标高可按下列关系确定：

（1）热风围管平台标高可按围管外壳的顶面标高确定，平台标高一般比围管顶面标高高 150~200mm。

（2）炉身平台标高应根据冷却设备的检查和维修及配管的需要而定，一般两层平台之间的间距为 2000~3000mm。

（3）探测孔的平台标高一般比各探孔标高低 800~1000mm。

（4）炉顶封罩人孔平台标高一般可比人孔中心标高低 800mm（在炉顶平台以下 2000mm 左右）。

11 高炉本体施工中的特殊措施方案

11.1 炉壳焊接保证措施方案

11.1.1 概况

由于工程的工程工期与设计现状，决定了大量的焊接工作量必须在工期内完成，这对焊接是一个严峻的考验，高炉与热风炉壳的焊接更是该工程的难点与重点。

11.1.2 高炉与热风炉炉壳焊接方法选择

常规焊接方法为：高炉立焊缝采用电渣焊 KES 法、SES 法（部分为手工电弧焊），环焊缝采用手工电弧焊、CO_2 气保焊；热风炉立焊缝采用气电自动立焊 EC 法，环焊缝全部采用手工电弧焊、CO_2 气保焊。

较为先进的焊接方法为横焊、立焊自动埋弧焊。为保证工程工期与焊接质量，该工程中高炉、热风炉拟采用的横焊以自动埋弧焊为主，立焊以气电联焊为主，以 CO_2 气体保护焊、手工电弧焊为辅。

11.1.3 技术措施

（1）在项目经理部组织下，由企业各专业人员制定可行的焊接技术方案。

（2）结合相关焊接工艺评定报告，在企业指导下，由项目经理部焊接技术人员编制"炉壳焊接作业指导书"。

（3）施工前由项目经理部进行详细的焊接技术交底。凡参与该项目的施工管理人员、技术管理人员、材料管理人员、全体作业人员必须领会技术交底的全部内容。

1）对全体参与该项目的焊接作业人员（电焊工、气焊工、热处理工、焊接质量员)进行相应项目培训,并经企业焊工培训中心考试合格后方可上岗作业。

2)焊接过程中由专人记录不同焊工、不同焊缝焊接的各种焊接参数,以便对焊接质量问题进行科学分析,并制定相关改进措施。

(4)工艺措施:

1)企业进行"气电自动立焊焊接工艺评定"、"横焊自动埋弧焊接工艺评定"。

2)低温环境施焊的特殊措施。焊接前采用(电脑温控)电加热器加热,焊后采用(电脑温控)电加热器进行后热处理。

3)施焊现场搭设完善的焊接防风、防雨设施,制作专门的防风罩。

4)现场使用的焊剂、焊条烘焙箱功能必须完好,配备足够的焊剂、保温筒以及焊后热保温用的保温材料。

5)焊接用引弧板尺寸及材质必须符合工艺要求,焊接工艺与正式焊接一致。

11.2 加工场与现场平台搭设方案

11.2.1 钢结构加工规划

钢结构加工规划如下:

(1)在厂区西侧施工单位内原堆场修建加工制作场,搭建钢结构制作、组装平台,并设置门卫室、工具间、办公室、库房、喷砂除锈与油漆场地;现场加工场主要进行高炉、热风炉、重力除尘器、卷管以及绝大部分钢结构的制作。

(2)在安装现场搭建两处简易组装平台,进行通廊、管道、小型设备与框架的组装。

11.2.2 主要措施

(1)加工场布设位置按照本组织设计加工场定位图实施。

(2)整个加工场面积为 30000m^2(200m×150m)。

(3)加工场设的 4 台龙门行车为主要制作、组装起重机械,以一台履带吊为辅进行材料进场卸车与倒运；龙门行车能力为 5~32t，50t 履带吊，25t 汽车吊。

（4）龙门吊轨道基础方案：铺设 300mm 碎石作垫层，架上枕木以后，再以碎石填至枕木上边缘，在枕木上埋设双排固定轨枕用的压板螺栓，龙门行车轨道型号为 U70，轨道连接采用鱼尾板连接；龙门行车安装完毕，经检查验收合格后方可使用。

（5）加工场用蓝色彩板瓦封闭，彩板瓦高度为 1.8m，用脚手架作为支撑。

11.3　高炉与热风炉安装技术措施方案

（1）高炉炉壳及护顶钢圈安装、焊接时，需要制作安装内、外支架及平台，支架采用 75 号角钢为骨架，采用与炉体材质一致的连接板同炉体临时焊接为一体，骨架上满铺木跳板，跳板与骨架采用铁线绑扎固定；平台临边与下方用安全网封闭；角钢、钢板总用量约 20t，跳板 250 张。

（2）由于工期紧张，高炉安装时，炉壳、冷却壁和筑炉同步进行，为此，需要在风口处搭设安全平台，平台主梁采用 132a 工字钢，次梁采用 120a 工字钢，上铺 6mm 厚花纹钢板，钢材总用量约 12t，平台临边与下方用安全网封闭；炉顶水冷钢砖处搭设安全平台，平台主梁采用 120a 工字钢、次梁采用 116a 槽钢，上铺 6mm 厚花纹钢板，钢材总用量约 6t，平台临边与下方用安全网封闭；为了防止雨水进入到炉内，在炉壳顶部设置一防雨棚，防雨棚骨架采用 110 槽钢和 50 号角钢制作，上铺设彩板瓦或防雨帆布约 100m^2，钢材用量约 2.5t。

（3）3 座热风炉将同步安装，热风炉炉壳安装、焊接时，需要制作和安装内、外支架及平台，支架采用 75 号角钢为骨架，采用与炉体材质一致的连接板同炉体临时焊接为一体，骨架上满铺木跳板，木跳板与骨架采用铁线绑扎固定，平台临边与下方用安全网封闭；槽钢、钢板总用量约 25t，跳板 400 张。

（4）为保证组装与焊接质量，高炉安装将采取地面组装成弦，整弦吊装的方式进行。由于壳体较重，直径较大（具体参数等到设计施工图纸到后确定），只能在安装现场搭设组、焊平台；高炉炉壳及顶部框架现场组、焊平台约450m^2（15m×30m），平台周边铺垫100mm厚钢渣（约50t），平台下支撑梁为125a工字钢（约24t），平台钢板厚度为30mm（用量约为106t）。

(5) 为保证组装、焊接质量和运输，热风炉安装将采取地面组装成弦，整弦吊装的方式进行，由于壳体较重，直径较大（具体参数等到施工图纸到后确定），且为保证3座热风炉同时进行安装，现场将搭建两座组焊平台，约450m^2（15m×30m），平台周边铺垫100m厚钢渣（用量约为50t），平台下支撑梁为125a工字钢（用量约为24t），平台钢板厚度为30mm（用量约为106t）。

(6) 热风炉炉壳的卷制考虑在现场加工，也需要预组装平台，平台约450m^2（15m×30m），平台周边铺垫100mm厚钢渣（用量约为50t），平台下支撑梁为125a工字钢（用量约为24t），平台钢板厚度为30mm（用量约为106t）。

(7) 卷板机（共3台）前后台架，型钢用量约为15t，钢板用量约15t。

(8) 板材切割平台，型材用量约为40t；H型钢组装胎架，型钢用量约为30t，板材用量约为20t。

(9) 高炉钢结构（含本体）框架及炉顶框架安装，安全网用量（6m×6m）300张；热风炉安装安全网用量（6m×6m）400张。

(10) 高炉炉壳、热风炉炉壳等整弦吊装时，应当制作专用吊具，吊具采用以H300mm×300mm的型钢为主制作，吊具共制作两件，重量约为15t。

(11) 动力电缆横截面积（数量×单根横截面积）为3×185mm^2+2×95mm^2，约745mm^2，3×120mm^2+2×70mm^2，约500mm^2，3×50mm^2+2×25mm^2，约200mm^2。

12 质量保证体系及措施

12.1 施工单位质量方针

工程施工单位的质量方针是:"顾客至上,质量为本,用一流的管理和持续的改进保证按合同要求向顾客提供满意的工程和服务。"

施工单位以"质量、工期、服务"为经营座右铭,就是把顾客利益放在首位,全面落实"顾客至上"的质量宗旨,并将"质量优先"作为施工单位的具体工作指导方针;施工单位授予从事与质量有关的职能人员独立行使职责的权力,全体人员精心组织,精心施工,以良好的工作质量保证按合同要求向顾客提供满意的工程和服务。

12.2 施工单位质量目标

施工单位质量目标如下:
(1) 工程施工满足法律、法规及标准规范要求;
(2) 工程项目满足合同规定要求;
(3) 工程交付合格率100%;
(4) 重点工程项目争创地方或国家级优质工程奖。

项目质量目标为:工程质量达到国家及冶金规范优良标准。

12.3 项目质量保证体系

12.3.1 施工单位质量管理体系

施工单位按照ISO9001:2000版标准建立了质量管理体系,并于2002年7月通过了认证中心的现场审核。施工单位的质量管理体系已划分为若干个具体过程,每个过程的领导职责、管理职责、实施职责已具体明确到公司最高管理层、智能管理部门和二级单位,每一个具体过程都有具体的程序文件和相应的专业管理文件进行规定，这一切都是为了体现企业质量方针的具体内涵，即"顾客至上，质量为本，用一流的管理和持续的改进向顾客提供满意的工程和服务。"

12.3.2 项目质量保证体系

该项目在质量保证方面实行"项目质量管理和企业一级专检"相结合的模式。按照施工单位实行的"谁管理，谁负责"和"工程质量终身负责制"的质量责任原则，项目部承担该工程项目的质量管理职责，项目经理为该项目的第一质量责任人，开工前签订"工程项目质量终身责任书"。项目经理领导项目部全体管理人员认真执行业主的质量管理文件和企业质量管理体系文件，确保本项目部质量管理体系正常有效运行，项目部建立项目质量保证体系。工程项目部质量保证体系质量职能框图如图 12-1 所示。

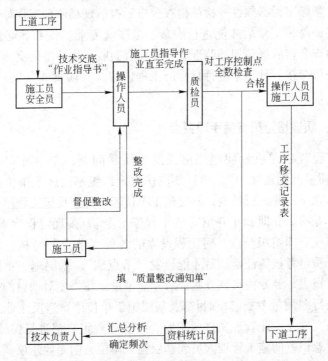

图 12-1　工程项目部质量保证体系质量职能框图

12.3.3 质量检查专检要点

（1）质量检查员对工程质量具有"一票否决权"，遵循"上道工序不合格，不得进入下道工序施工"的原则。所有工程施工必须有经批准的施工方案（作业设计），且必须具有保证工程质量的措施。工程施工所涉及的质量标准必须明确。

（2）基层施工单位技术人员必须对操作者进行技术交底，交底内容包括施工内容的质量要求。用于工程的建筑材料、半成品、成品，应具有出厂合格证明单及按规定要求进行进场复验的试验报告单。

（3）按有关规定应持证上岗的岗位，操作者必须持有有效的上岗证。制造厂生产的构件，应办理"构件出厂合格证"。

（4）施工现场制作的构配件使用前应经专检员检查合格后才能使用。隐蔽工程必须经专检员检查合格后报请现场监理工程师检查验收并签证隐蔽记录后才能进行隐蔽。工序（专业）交接，必须经专检员检查合格后报请现场监理工程师检查验收合格并签证交接记录后才能进行交接。凡是未进行自检的工程内容（检验批或分项），不得进行专检。

12.3.4 质量检查员专检手段要点

工程若存在质量问题隐患或发生质量问题，专检员立即下达"工程质量问题通知单"，项目部应按规定组织基层施工单位提出书面处理意见，并进行整改。基层施工单位若严重违反施工程序和操作规程，专检员立即制止并填写"工程停工令"，按规定程序审批后，项目部应立即组织整改。对工程设立的各种"节点"考核，经专检员进行质量考核签证确认后才能核发"节点奖"。基层施工单位的工程量月报表，经专检员核查签证后才能报量。每季度对项目部按企业规定进行"质量考核"。项目部及基层施工单位严重违反企业质量管理体系文件及专业管理文件要求时，按企业规定直接进行罚款处理，对质量意识差的施工管理人员或基层施工单位，向企业建议调离或撤出施工现场等。

工程质量保证流程如图 12-2 所示，工程质量执行程序如图 12-3 所示，质量管理程序与质量预控如图 12-4 所示。

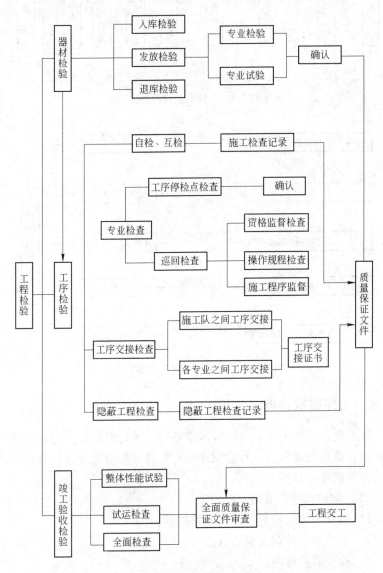

图 12-2　工程质量保证流程图

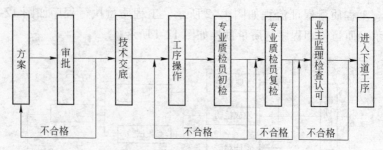

图 12-3　工程质量执行程序

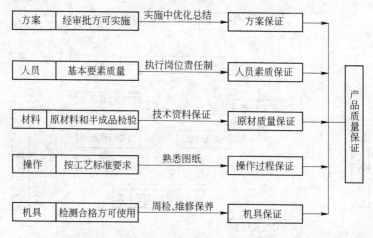

图 12-4　质量管理程序与质量预控

12.4　工程质量管理（控制）点

在工程正式施工前，进行技术准备时，项目部针对工程施工过程的难点、重点及薄弱点，有意识地分专业设置质量管理点，并采取有针对性的措施进行施工。

（1）钢结构制作安装：

1）钢材、焊接材料、涂料质量检验；

2）加工构件外观质量检查；

3）涂装质量检查；

4）钢柱安装垂直度与吊车梁安装中心线、标高质量控制；

5）炉壳椭圆度、中心偏差检查。

（2）机械设备、管道主要控制点：

1）设备安装时的中心线、水平度、标高、同心度或垂直度检查；

2）设备安装坐浆墩强度试验检查；

3）设备安装一次及二次灌浆前的质量检查；

4）管道焊口探伤检查；

5）液压管道的酸洗及油冲洗检查；

6）介质管道的吹扫、试压或气密性试验、高炉与热风炉气密性试验；

7）设备及管道保温、保冷隐蔽前的质量检查及保温后的外观检查；

8）管道油漆、防腐质量检查。

（3）电气、仪表、计算机及电信工程：

1）电气、仪表、计算机及电信设备的安装；

2）电缆的敷设和接线；

3）电气、仪表、计算机及电信设备的接地。

12.5 质量通病治理措施

钢结构项目、机械安装项目、管道安装项目、电安装项目质量通病现象及治理措施分别见表 12-1～表 12-4。

表 12-1 钢结构项目质量通病现象及治理措施

序号	质量通病现象	治 理 措 施
1	连接板之间拼缝不密实，有间隙	连接板之间的间隙小于 1mm 的，可不做处理。连接板间的间隙为 1～3mm 的，将厚的一侧做成较薄，有利于另一侧有一个过渡缓坡。连接板间的间隙大于 3mm 的，填入垫板，垫板的表面与构件做同样处理

续表 12-1

序号	质量通病现象	治理措施
2	连接面油污未清除	对有油污的构件,必须要清除干净后再安装
3	钢结构涂装油漆有流坠、皱皮现象	涂装前油漆要搅拌均匀,消除流坠、皱皮现象,涂刷前按规定调节油漆黏度,并按规定时间进行涂刷
4	局部油漆涂刷不均匀,油漆厚度不够,表面起皱皮、流挂	涂刷时要细心均匀涂刷,保证油漆膜厚度达到规定厚度
5	涂装层被烧坏后,油漆未清除干净就补漆	必须将烧坏的油漆清除,用钢刷打磨干净,露出金属光泽,按设计和规范要求,分层补刷油漆
6	焊后药皮、焊渣飞溅未清理	焊工应严格按照操作规程执行,边焊边敲渣打磨
7	安装时随意用气焊切割扩孔且不打磨	原则上不能动火切割,若切割后应修补打磨(高强螺栓孔严禁切割扩孔)
8	局部变形不校正,构件摆放无序	加强构件验收制度,对局部变形的构件要校正后再安装,摆放正确,不产生变形
9	切割缺陷不修补、打磨	加强工序控制,经修补、打磨才能进入下道工序施工
10	应加强弧板的焊缝,焊接时不加引弧板	加强工序检查,未加引弧板不得进入焊接作业
11	要求顶紧的对象,顶紧面处理不符合规定	采取合理的加工工艺和组装、焊接工艺
12	扭剪型高强螺栓连接中,特殊位置扭矩扳手不能操作时,保留梅花卡头用气割操作	逐个检查,及时纠正
13	构件基地处理未达标准,就刷漆	加强工序控制,经检查员验收后,方能刷漆

表 12-2 机械安装项目质量通病现象及治理措施

序号	质量通病现象	治理措施
1	设备机械加工面防护不好	用防护油脂涂抹并包扎保护
2	设备附属仪表及安装好的仪表未保护	再投产之前用布等软材料包扎保护

续表 12-2

序号	质量通病现象	治 理 措 施
3	设备的安装垫板部分安装不平稳	垫板组放置平稳，找平，垫实，接触紧密
4	设备基墩的宽度及坑深度不够	按企业规范要求施工，深度要大于 30mm 且坐浆层的厚度不小于 50mm
5	设备基墩养护不好	用草袋覆盖并浇水养护，冬天不浇水，用塑料和草袋覆盖养护
6	设备基墩不按配合比计量，计量部准确	按配合比认真计量，计量器应经校对，用水量应根据施工季节和骨料的含水量调整控制
7	设备的地脚螺栓外露不一致	按照要求留出外露长度，复查后再进行灌浆
8	垫板的外露长度过长或未外露	平垫铁端面宜露出 10~30mm
9	设备的地脚螺栓外露，螺纹未保护而生锈	安装好后应涂防锈油进行保护
10	垫铁组内的块数大于 5 块	用厚垫板更换
11	垫铁组间点焊焊缝不饱满，长度不够	补焊牢固后再灌浆
12	设备地脚螺栓孔未清理干净	清理干净积水和杂物，以保证灌浆质量
13	地脚螺栓的闭帽紧度不够	逐个检查，不紧的重新紧固
14	阀台等设备开口未及时封闭	逐个检查，用塑料布包扎封闭
15	要求双螺母的只戴一颗	逐个检查，补充完整

表 12-3　管道安装项目质量通病现象及治理措施

序号	质量通病现象	治 理 措 施
1	现场制作管道支架随意使用气焊切割	应采用机械钻孔
2	经酸洗脱脂，内外防腐及衬里的成品管道保护不好	管口应封堵防护，现场放置应用道木垫，吊装时用吊装带保护
3	管托、支架处油漆涂装质量差，补刷不到位	基地应处理干净，涂装时应分层补涂，特别是焊缝处

续表 12-3

序号	质量通病现象	治 理 措 施
4	管道焊口对接错边量超差	测管道的椭圆和对口的平直度，符合要求后再施焊
5	固定支架和滑动支架位置不按图纸施工	严格按图纸施工
6	滑动支架和导向架安装滑动面歪斜、卡塞或没接触，无偏移量	调整支架位置，滑动面洁净平整，无歪斜和卡涩现象，并有50%的位移值反向偏移量
7	支架漏焊、欠焊，焊缝不饱和	按图集或设计要求补焊
8	涂装局部涂刷不均匀，有流坠现象	涂装前油漆要求搅拌均匀，认真涂刷
9	管道保护层凹凸不平	重新平整后再涂装
10	管道保温材料里外层通缝	应错缝重包
11	管架紧固在槽钢斜面上用平垫片	应更换成斜垫片
12	管道焊缝局部飞溅，药皮未清理就涂装	及时清理打磨干净并在管道安装检验合格后涂装
13	第一遍油漆没干就刷第二遍	按规范和油漆说明书要求时间涂装
14	管道涂装漆膜厚度不均匀，局部有气泡、起皱	不在湿度大的天气露天涂装，或涂装时采取防护措施，涂装前管道表面无水渍，保持干燥，并在每层油漆干后再涂装一遍
15	管道防腐所缠的玻璃丝布缠绕不紧，局部起皱	缠紧玻璃丝布，起压平整
16	管道油漆部分脱落，返锈	清除基地的污物和表面锈蚀，达到设计要求除锈等级
17	焊缝局部有焊瘤，气孔	调节好焊接工艺参数，焊干焊条，清理干净焊道
18	低压管道开坡口不规范或不开	按方案或规范开坡口，保证焊缝质量
19	焊口氧化铁等杂物没清理干净	用砂轮清理干净再焊接

续表 12-3

序号	质量通病现象	治 理 措 施
20	阀件、法兰联结的螺栓穿入方向不一致，螺栓过长或过短	逐个检查，调整，更换
21	管道涂漆污染支架或其他成品	采用正确的涂刷方法，对成品加以保护

表 12-4 电安装项目质量通病现象及治理措施

序号	质量通病现象	治 理 措 施
1	电线管管口有毛刺，缺管护套	清除毛刺，补上管护套
2	明配管水平度和垂直度超差	调整明配管水平度、垂直度，使其符合规定要求
3	管子的弯曲半径过小，弯扁度过大	更换管子，使用符合规定要求的管子
4	管接头用元钢焊跨接地，元钢"点焊"或焊接质量差	对元钢补焊，消除气孔、夹渣、咬肉等缺陷
5	配电盘（柜）安装垂直度，盘（柜）间接缝超差	进行调整，使其符合规定要求
6	配电盘（柜）与基础型钢接触不紧密	控制好基础型钢的水平度，调整配电盘（柜）使其与基础型钢接触紧密
7	配电盘（柜）内二次接线乱，未绑扎，压接端子压接质量差，接线端子板每个端子接线超过两根	在接线前及时清理二次接线，绑扎好，压接工具与压接端子、线芯直径相配合，合理调整接线端子或增加端子板
8	电缆在支架、托架及盘（柜）处乱设，排列不整齐	铺设前，合理安排好电缆铺设路线，铺设时及时对电缆进行绑扎固定
9	电缆进入盘、箱、柜的孔洞、管口等未封堵	进行封堵
10	成排灯具中心线偏差大	对安装的灯具进行调整
11	开关、插座面板并列安装，高低差大、面板松动、歪斜，单相三孔插座相序不对	调整面板高低差，紧固面板调节端正，调整相序

续表 12-4

序号	质量通病现象	治 理 措 施
12	电器设备漏接底线或接地串联	补上接地线,将接地线与接地干线相连
13	接地干线中,元钢与圆钢,元钢与扁钢,扁钢与扁钢等的搭接长度不够,焊接边数不够,焊接质量差,焊接部位未做防护处理	元钢与圆钢,元钢与扁钢搭接长度为元钢直径的6倍,扁钢与扁钢搭接长度为扁钢宽度的两倍,元钢两边施焊,扁钢最少焊三边,消除气孔、夹渣、咬肉等缺陷,重新补焊,补防腐漆
14	管子进入盘箱等处用电焊或气焊开孔	使用专用机械工具开孔
15	接线端子与设备桩头连接时缺弹簧垫圈	补上弹簧垫圈
16	照明电路相线、N相线、PE线色标不对	施工前做好用料计划,A、B、C三相分别用黄、绿、红三色,N线用蓝色或浅蓝色,PE用绿环双色线

12.6 土建项目质量预控

12.6.1 质量通病与预防措施

土建工程各类质量通病现象及预防措施见表12-5,安装工程各类质量通病现象及预防措施见表12-6。

表 12-5 土建工程各类质量通病现象及预防措施

序号	质量通病现象	预 防 措 施
1	梁柱接头不齐	用木胶和模板
2	楼板钢筋标高未控制	贯彻先放大样后下钢筋的原则,并控制好楼层标高
3	柱钢筋偏位	按附图施工
4	墙面施工缝漏水	做好施工缝的防水构造
5	施工缝结合不密实	凿打至无松动石子,浇混凝土前刷素水泥浆一道
6	楼面钢筋未保护	严禁闲杂人员上楼面,沿梁铺设竹跳板

续表 12-5

序号	质量通病现象	预防措施
7	墙柱支撑后未清理	开清渣口在浇混凝土前用水冲洗干净
8	梁、墙、柱钢筋保护层未控制	对撑定位,垫块控制
9	混凝土暴模未防治	对扣件、弓形卡、支模方式逐步检查,限制振捣棒的振捣时间
10	混凝土楼面标高未控制	每 $4m^2$ 见方做好标记
11	轴线偏差	进行浇混凝土前、浇混凝土中、浇混凝土后三次复核
12	混凝土构件蜂窝麻面等	精心策划检查模板拼缝,防止漏浆,振捣棒振捣方式必须进行技术交底

表 12-6 安装工程各类质量通病现象及预防措施

专业	质量通病现象	预防措施
电气	1. 配管管口毛刺; 2. 连接处焊缝错边、焊穿; 3. 箱、盒安装标高不一致	1. 管口用半圆锉磨内口。 2. 调节好焊接电流。 3. 根据土建地坪基准弹线,确定安装高度
管道	管道支架选用不当,间距过大,标高不准,支架固定不牢,螺栓孔毛糙	1. 根据图纸安装固定或活动支架。 2. 根据管内介质及管径,正确选用支架和吊架的结构形式。 3. 支架和吊架一律采用机械下料、打孔,并用砂轮机清除毛刺,按规定放线,坡度检查无误后再安装支架。先装支架和吊架,再上管道及管子托架。支架安装应按不同架选择不同安装方法
	排水不畅通,有堵塞现象	1. 排水横管安装时,排水坡度不小于 3‰,管子吊架间距不大于 2m。 2. 管口在楼面安装完,装卫生器具前,用混合砂浆临时封堵,开口时掏净垃圾、泥渣,并对管内进行清扫

12.6.2 试验保证措施

项目经理部委托有资质的试验室负责工程各科相关试验，所有试验实行见证取样制度，各种配合比试验必须先做原材料试验，原材料试验合格后，方可做配合比试验。各种原材料、半成品、构配件必须根据国家规范要求分批分量进行抽检，抽检不合格的材料一律不准使用，因使用不合格材料而造成的质量事故要追究验收人员的责任。

12.6.3 施工中的计量管理

12.6.3.1 计量管理目标

计量管理目标如下：
（1）计量管理水平达应得分的95%；
（2）计量器具配备率达99%；
（3）计量工作检测达95%；
（4）计量技术素质达应得分的90%。

12.6.3.2 计量管理制度

（1）按施工工艺计量网络图、质量检测计量网络图配齐计量器具。

（2）国家规定强制检定的计量器具必须100%按时送检，其他计量器具也应按计划按时送检，周转送检率不得低于90%。在周检的基础上，按时抽检10%，并作抽检原始记录。

（3）计量器具统一建卡，分发给专人保管，并由计量管理部门统一调配。

（4）原材检测要及时做好记录，发现量差超过正负公差范围时，要立即通知有关部门或人进行处理。

（5）模板安装、预留预埋误差不得超过规范规定的范围，否则应进行整改。

（6）钢筋的规格型号必须完全符合设计要求，钢筋加工严格按配料单进行；绑扎及焊接的参数用相应计量器具进行检测，偏差不得超过规范要求。

（7）混凝土施工前对供应项目的搅拌站的计量器具进行一次检

查、鉴定，减少仪表造成的系统误差；混凝土施工中，试验人员根据气候条件及时调整配合比，并按规定做坍落度试验及强度试验。

(8) 试验人员每季度要对实验仪器进行一次抽查、维修及保养。无证人员不得使用仪器设备，各种试验要按其试验程序及标准操作。

(9) 现场测量组每季度要对所用测量仪器进行抽查、维修及保养，必要时应送有关检测部门进行鉴定，在测量前对仪器要认真校核，按测量步骤做好原始记录，及时消除测量中各种因素造成的误差。

(10) 使用人员必须按计量器具的使用说明书正确使用，精心维修，妥善保管；使用完毕应擦拭干净，对量具、量仪的测量面和刻度不得用油石、砂纸等硬物擦拭；非计量人员不得任意拆卸、改造、检修计量器具；对较贵重的计量器具，其存放应符合有关规定要求。

12.6.4 施工质量过程控制

12.6.4.1 预防措施

工程开工前，根据质量目标制定科学、可靠、先进的"创优计划"和"质量计划"，然后以"质量计划"为主线，编制详细、可行的"质量奖罚制度"、"质量保证措施"、"三检制度"、"成品保护制度"、"样板引路制度"、"挂牌制度"、"标签制度"、"质量会诊制度"等质量管理制度，做到有章可依，并且在每一分项施工前，质量部门都要进行详细的质量交底，指出质量控制要点及难点，说明规范及设计要求，把握施工重点，在分项工程未施工前就把质量隐患消除掉。

施工前，根据图纸及施工组织设计，列出工程质量管理的关键点，以便在施工工程中进行重点管理，加强控制，使重点部位的质量得以保证，同时把重点部位重点管理的严谨作风贯穿到整个施工过程中，以此来带动整体工程质量。

(1) 基础混凝土施工。优化配合比设计，最大限度地降低混凝土水化热，并进行混凝土热工测算。采取"一次浇捣，薄层覆盖，循环推进，一次到顶"的方法进行浇筑，采取保温保湿法进行养护，并严格测温。

（2）外露结构、梁柱接头、竖向结构模板及混凝土施工。在框剪结构施工过程中，模板的设计应着重解决梁和柱节点方正、层间接缝的平整过渡问题，即如何保证工程外露结构达到外观美观，梁柱接头及竖向结构不胀模，混凝土不流淌，棱角鲜明饱满且便于施工，这也是预控考虑的关键点。工程采用的模板质量将直接影响整体工程的质量，为此，从模板的选择、安装、拆除、预拌混凝土的拌制、运输、浇筑、养护等方面进行考虑，决定该工程主体结构竖向部分采用覆膜木模板、梁柱接头采用定型模板。在选择木模板时，注意木模板表面是否平滑，有无破损、扭曲，边口是否整洁，厚度、形状是否符合要求。

（3）各重点分项冬雨季施工措施。根据工程进度计划安排，该工程结构及其防水施工处于雨季施工阶段，部分门窗工程以及装修工程处在冬季施工阶段。冬季和雨季气候将给施工质量带来一定的影响，如何保证冬季和雨季施工的质量成为保证这些分项工程质量的关键，为此，针对这一特点，制定相应的冬季和雨季施工方案来保证整个工程的质量。

（4）装修施工。在初装修工程施工时，抓住重点及特殊部位的施工质量控制，做好这些部位的初装修，为今后的精装修奠定基础。在进行精装修施工时，协助业主选择有相应资质、有同类工程经验、技术力量强的施工队伍；在材料管理方面，配合业主考察、选材，确保装饰工程完全体现设计意图。同时在进行精装修施工时，加大管理力度，确保装修质量。

（5）钢结构制作过程验收。钢构件制作完成后，应按照施工图和相关规定进行验收。钢构件外形尺寸的允许偏差应符合验收规范的规定。钢构件出厂时，应提交下列资料：

1）产品合格证；

2）施工图和设计变更文件，设计变更的内容应在施工图中相应部位注明；

3）制作中对技术问题处理的协议文件；

4）钢材连接材料及涂装材料的质量证明书或试验报告；

5）焊接工艺评定报告；

6）高强度螺栓摩擦面抗滑移系数试验报告、焊缝无损检验报告及涂层检测资料；

7）主要构件验收记录；

8）预拼装记录；

9）构件发运和包装清单。

12.6.4.2 过程控制

严格按照工程质量管理制度进行质量管理，尤其严格执行"三检"制度，图12-5所示为一套成熟、完整的质量过程管理体系。

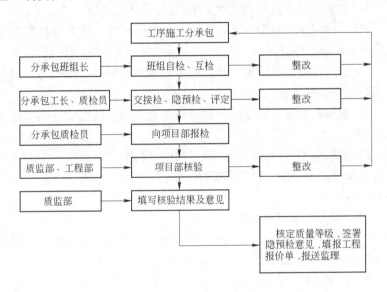

图12-5 质量过程管理体系

(1) 钢筋工程质量控制。

1）钢筋进场后挂牌堆放，堆放场地硬化。

2）钢筋半成品做标识，防止用错。

3）在钢筋加工制作前，先检查该批钢筋的标识，验证复检是否合格。制作严格按照料表尺寸。

4）加强对钢筋连接接头的质量检测。

5）对预埋盒的埋设采取加固措施，防止浇筑混凝土时位置偏移。

6)加强钢筋的定位,严格控制钢筋保护层厚度。

(2)模板工程质量控制。

1)所有木模板体系在预制拼装时,用手刨将模板刨边,使边线平直,四角归方,接缝平整,模板拼缝处做成企口,并粘贴密封条以防漏浆。

2)两块模板在接缝处做到平整且缝隙小。梁底边、二次模板接头处,转角处均加塞密封条以防止混凝土浇筑时漏浆。

3)楼板模板在板与板之间采用硬拼,不留缝隙。

4)为确保墙、柱根部不烂根,在安装模板时,所有墙柱根部均加垫10mm厚海绵条。

5)后浇带模板做成梳子状,使钢筋网顺利穿插,梳孔与钢筋空隙用海绵条塞紧,避免漏浆。

6)模板拆除需看同条件养护试块是否达到拆模强度,并实行拆模申请制度。

7)拆模时不要用力过猛,拆下来的材料要及时运走,拆下后的模板要及时清理干净,并封堵螺杆洞口,有覆膜破损处需刮腻子并刷油漆进行修整。

(3)混凝土工程质量控制。

1)对原材、外加剂、混凝土配合比、坍落度、初凝时间、混凝土运输车在路上运输等做出严格要求。

2)混凝土同条件试块在现场制作,在浇筑地点养护,应及时编号管理,现场试验室设振动台,标养室采用恒温恒湿全自动设备控制,切实保证恒温恒湿条件。

3)施工缝处待已浇筑混凝土的抗压强度超过1.2MPa且不少于48小时,才允许继续浇筑。在继续浇筑混凝土前,必须彻底清除施工缝处的松散游离的部分,并用压力水冲洗干净,充分湿润后,刷1:1水泥砂浆一道,再进行混凝土浇筑,混凝土下料时要避免靠近缝边,机械振捣点距缝边30cm,缝边人工插捣,使新旧混凝土结合密实。

4)加强混凝土的浇筑、养护工作。在水平混凝土浇筑完毕后,常温下水平结构要在12小时内加以覆盖和浇水,浇水次数要能保持混凝土有足够的湿润状态,养护期不少于7昼夜。竖向构件拆模后涂刷养护剂进行养护。

5) 做好柱拉结筋、安装工程等的预留、预埋工作的施工质量。

(4) 砌体工程质量控制。

1) 错缝砌筑,砂浆饱满,冬季施工做好保温防冻措施。

2) 立皮数杆,底部平砌实心砖,顶部斜砌实心砖,砖缝填满砂浆。

3) 砌体与主体结构之间做好拉接。

4) 做好砂浆的配比及计量工作,砂浆随拌随用。

5) 控制砌筑高度,墙体转角处及交接处同时砌,否则留栏槎。

6) 拉线砌筑,并随时检查砌体的平整度和垂直度。

7) 各作业队应做好配合,做好预埋件、各种管线的预留、预埋工作。

(5) 回填土质量控制。

1) 回填前将基坑(槽)底或肥槽里的杂物等清理干净。

2) 回填的土料清除有机质并过筛,防止粒径过大。

3) 回填灰土应分层铺摊夯实,每层铺摊厚度控制在规范要求以内。

4) 控制含水量,拌和土随拌随用。

5) 打夯机依次夯打,均匀分布,不留间隙。打夯应一夯压半夯,夯夯相连,行行相连。

12.6.5 质量管理制度

应采取的质量管理制度如下:

(1) 质量会诊制度。在项目内部分别组成钢筋、模板、混凝土、砌体、装修等分项工程质量考评小组,对每个施工完毕的施工段进行质量会诊和总结,并填写钢筋、模板、混凝土、砌体、装修、安装质量会诊表。质量会诊表中着重反映发生每种质量超差点的数量,并对发生的原因进行分析说明。质量会诊小组成员在每周质量例会上对上一周质量会诊出来的主要问题进行有针对性的分析和总结,提出解决措施，预控下一周不再发生同样的问题。同时，工程部对各层同一分项工程质量问题发生频率情况进行统计分析，做出统计分析图表，进一步发现问题变化趋势，以便更好地克服质量通病。

（2）技术交底制度。坚持以技术进步来保证施工质量的原则。技术部门应编制有针对性的施工组织设计，积极采用新技术、新产品、新工艺、新材料；针对特殊工序编制有针对性的作业指导书。每个工种、每道工序施工前要组织各级技术交底，包括项目工程师对工长的技术交底、工长对班组的技术交底、班组长对作业班组的技术交底。各级交底以书面形式进行。因技术措施不当或交底不清而造成质量事故的要追究有关部门和人员的责任。

（3）材料进场检验制度。钢筋、水泥和混凝土等各类材料需具备出厂合格证，并根据国家规范要求分批分量进行抽检，抽检不合格的材料一律不准使用，因使用不合格材料而造成的质量事故要追究验收人员的责任。

（4）样板引路制度。施工操作应注意工序的优化、工艺的改进和工序的标准化操作，通过不断探索，积累必要的管理和操作经验，提高工序的操作水平，确保操作质量。每个分项工程或工种（特别是量大面广的分项工程）都要在开始大面积操作前做出示范样板，包括样板墙板、样板件等，统一操作要求，明确质量目标。

（5）施工挂牌制度。主要工种如钢筋、混凝土、模板、砌砖、抹灰等在施工过程中应在现场实行挂牌制，注明管理者、操作者、施工日期，并做相应的图文记录，作为重要的施工档案保存，因现场不按规范、规程施工而造成质量事故的，要追究有关人员的责任。

（6）过程"三检"制度。实行并坚持自检、互检、交接检制度，并及时填写有关质量记录，隐蔽工程必须有工长组织项目技术负责人、质量检查员、班组长检查，并做出较详细的文字记录。

（7）质量否决制度。对不合格分项、分部和单位工程必须进行返工。不合格分项工程流入下道工序，要追究班组长的责任；不合格分部工程流入下道工序要追究工长和项目负责人的责任；不合格单位工程流入社会要追究公司经理和项目经理的责任。对施工中出现不合格品，项目负责人要及时组织有关人员针对出现不合格品的原因进行分析并采取必要的纠正和预防措施。

(8) 成品保护制度。应当像重视工序的操作一样重视成品的保护。项目经理部应合理安排施工工序，减少工序的交叉作业，上下工序之间应做好交接工作，并做好记录。当下道工序的施工可能对上道工序的成品造成影响时，应通知上道工序操作负责人及相关管理人员，制定避免破坏和污染的相应措施，否则，造成的损失由下道工序操作者及相关管理人员负责。

(9) 质量文件记录制度。质量记录是质量责任追溯的依据，应力求真实和详尽。各类现场操作记录及材料试验记录、质量检验记录等要妥善保管，特别是各类工序文件记录，应详细记录当时的情况，理清各方责任，便于追溯。

(10) 有关工程技术、质量的文件资料管理制度。工程文件资料的完整是工程竣工验收的重要依据，应真实和详尽，并由专职资料员收集、整理、保管存档，做到工程技术、质量保证资料及验收资料收集、整理、保管存档随工程进度同步进行。

(11) 工程质量等级评定、核定制度。竣工工程首先由施工企业按国家有关标准、规范进行质量等级评定，然后报工程质量监督机构进行等级核定，合格的工程发给质量等级证书，未经质量等级核定或核定为不合格的工程不得交工和使用。

(12) 竣工服务承诺制度。工程竣工后在建筑物醒目位置镶嵌标牌，注明建设单位、设计单位、施工单位、监理单位以及开工和竣工的日期，这是一种纪念，更是一种承诺。施工单位要主动做好回访工作，按有关规定实行工程保修服务。

(13) 培训上岗制度。工程项目所有管理及操作人员应经过业务知识技能培训，并持证上岗，因无证指挥、无证操作造成工程质量不合格或出现质量事故的，除要追究直接责任者外，还要追究企业主管领导的责任。

12.6.6 成品保护措施

在施工过程中，有些分项、分部工程或部位已经完成，其他工程或部位尚在施工，如果对于已完成的成品不采取妥善的措施加以保护，就会造成损伤，影响质量。因此，搞好成品保护，是确保工程质量，降低工程成本，按期竣工的重要环节。

12.6.6.1 施工准备阶段

施工前可采取以下保护措施：

（1）包裹保护工程成品。此方法主要是防止成品被损伤或污染。如浇筑楼板混凝土前，对上部钢筋柱加 PVC 套筒加以保护；在小推车易碰的墙柱角、门边等，于小推车车轴的高度处加设防护条等；楼梯扶手易污染变色，油漆前应裹纸保护；铝合金门窗应用塑料布包扎；电气开关、插座、灯具等设备也要包裹，防止施工过程中被污染。

（2）采购物资的包装。对采购物资包装的控制主要是防止物资在搬运、贮存至交付过程中受影响而导致质量下降。对在竣工交付时才能拆除的包装，在施工过程中应对物资的包装予以保护，保护方法可写入成品保护措施中。

（3）覆盖。对于楼地面成品、管道上口主要采取覆盖措施，以防止成品堵塞、损伤。

（4）封闭。对于清水混凝土楼梯地面工程，施工后可将周边或楼梯口暂时封闭，待达到上人强度并采取保护措施后再开放；室内墙面、天棚、地面等房间内的装饰工程完成后，均应立即锁门以进行保护。

（5）巡逻看护。对已完工产品应实行全天候的巡逻看护，并实行"标色"管理，将各流水段按重点、危险、已完工、一般等划分为若干区域，规定进入各个区域施工的人员必须佩戴由总承包商颁发的贴上不同颜色标记的胸卡，防止无关人员进入重点、危险区域和不法分子的偷盗、破坏行为，确保工程产品的安全。

（6）搬运。物资的采购和使用单位应对其搬运的物资进行保护，保证物资在搬运过程中不被损坏，并正确保护产品的标识。对容易损坏，易燃、易爆、易变质和有毒的物资以及业主有特殊要求的物资，物资的采购和使用单位负责人应指派人员制定专门的搬运措施，并明确搬运人员的职责。

（7）贮存。

1）仓库由物资及设备部负责管理，现场内的库房及材料堆场由使用单位负责管理。

2）物资的贮存应按不同物资的性能特点分别对待，符合规范要求。

3）对入库物资的验收，贮存品的堆放，贮存品的标识，贮存品的账、物、卡管理和出库控制工作，应按规定执行。

12.6.6.2 结构施工阶段

（1）楼板钢筋绑扎完后搭设人行马道。

（2）墙、柱、板混凝土拆模必须执行拆模申请制度，严禁强行拆模。

（3）起吊模板时，信号工必须到场指挥。

（4）板混凝土强度达到 1.2MPa 后，才允许操作人员在上行走，进行一些轻便工作，但不得有冲击性操作。

（5）墙、柱阳角，楼梯踏步用小木条（或硬塑料条）包裹进行保护。

（6）满堂架立杆下端垫木枋。利用结构做支撑支点时，支撑与结构间加垫木枋。

12.6.6.3 装修施工阶段

施工期间，各工种交叉频繁，对于成品和半成品，通常容易出现二次污染、损坏和丢失，工程装修材料一旦出现污染、损坏或丢失，势必影响工程进展，增加额外费用，因此装修施工阶段成品（半成品）的保护至关重要，采取的主要措施如下：

（1）设专人负责成品保护工作。

（2）制定正确的施工顺序。制定重要房间（或部位）的施工工序流程，将土建、水、电、消防等各专业工序相互协调。排出一个房间（或部位）的工序流程表，各专业工序均按此流程进行施工，严禁违反施工程序的做法。

（3）做好工序标识工作。在施工过程中对易受污染、破坏的成品、半成品标识"正在施工，注意保护"的标牌。采取护、包、盖、封防护，做好"护、包、盖、封"等各项措施，对成品和半成品进行防护并安排专门负责人经常巡视检查，发现现有保护措施损坏的，要及时恢复。

（4）工序交接全部采用书面形式，由双方签字认可，由下道工序作业人员和成品保护负责人同时签字确认，并保存工序交接书面材料，下道工序作业人员对防止成品的污染、损坏或丢失负直接责任，成品保护专人对成品保护负监督、检查责任。

（5）运输过程中应注意防止破坏各种饰面。

（6）油漆涂料施工前将地面清理干净，各种五金管件做好保护。油漆、涂料未干前，应设专人看护，防止触摸。

（7）在施工过程中要注意其他专业成品的保护，不得蹬踏各种卫生器具、水暖管道等。

（8）在装修阶段入户进行电气焊作业时，要用挡板等保护焊点周围的地面、墙面、防水材料等成品。

（9）工程进入精装修阶段（或机电工程进入设备及端口器具安装时）应制定切实可行的"成品保护方案"，由经理部保卫部门负责监督。

12.6.7 工程创优措施

根据施工创优经验，为确保将工程创成冶金优质工程，施工中应注意如下问题。

12.6.7.1 铝合金门窗的安装

施工中可能存在以下问题：

（1）墙体与窗框未全部实现软接触，也就是说墙面抹灰与铝合金窗框之间未留缝隙，而是用砂浆勾缝后仅在表面抹了一层密封胶。

（2）密封胶施工粗糙，胶缝宽窄不匀，表面不平整。

（3）有些仅在外侧打胶，内侧未打胶。

为此，铝合金门窗的安装必须严格按规范要求施工：

（1）水泥砂浆对铝合金材料有腐蚀性，应切实避免这两种材料直接接触。

（2）铝合金材料与一般的墙体材料之间的热膨胀系数相差较大，所以必须采用具有良好弹性的密封胶密封，否则无法避免铝合金材料与墙体之间开裂，从而影响建筑物的密封性能。

(3) 门窗与墙体之间最好采用发泡剂填充后再打密封胶。

12.6.7.2 散水的施工

散水的施工若得不到足够的重视，将使散水的功能受到影响。散水与主体之间断缝处的嵌缝油膏若施工质量较差，竣工时间不长就容易出现老化、开裂等现象；散水本身的分隔缝设置的位置若不对，散水下的回填土密实度未达标，会造成散水断裂；散水混凝土支模及材料若不规范，会造成散水混凝土外观线条不顺直。施工时应引起足够重视，以防上述现象发生。

12.6.7.3 各类滴水线的做法

各类滴水线的做法应规范，应把滴水线当做一道工序安排施工，并做明确的技术交底。工程的外露明梁的底面应做滴水处理，以免梁底被雨水污染严重，影响建筑物的观感。窗洞口滴水槽施工应精细，避免端部通到侧墙面使侧墙面受到污染；鹰嘴的坡度稍大，边缘尖锐，以免雨水向内侧倒爬。

12.6.7.4 沉降观测点的制作

沉降观测点制作应精细。沉降观测点在同一建筑物上出墙面的距离应相等，弯起的高度相同，顶面做成半球形，认真做好防腐处理以免竣工时间不长就生锈，避免顶面被砂浆污染影响观测精度。

12.6.7.5 室外接地电阻测试点的制作

室外接地电阻测试点制作应规范，目前利用建、构筑物主筋作为防雷引下线的做法比较普遍，但接地电阻测试点的位置应满足 1.5~1.8m 的高度；测试点暗装时预埋的盒子应避免过小，防止测试时无法操作；接地电阻测试点的标志应清晰；接地电阻测试点的镀锌扁钢上应配 M8×20 的镀锌螺栓及一支平垫和一支弹簧垫片。

12.6.7.6 屋面

屋面工程应严格按《屋面工程质量验收规范》（GB 50207—2012）的规定施工。目前存在问题较多的是：

(1) 突出屋面的各种管道和各种基础的根部的泛水处理不好。一是高度不足 250mm，有的保温层排气管本身的高度就偏低；二是这些部位的防水材料的上口未进行有效的固定，易开裂，形成了渗漏的隐患；三是这些部位的防水材料未进行有效的保护，特别是上人屋面，应采用刚性保护。

（2）屋面卷材防水层下的找平层施工较粗，平整度欠佳，致使卷材铺贴后表面不平整，出现局部积水的现象。

（3）刚性防水保护层的分格缝距离偏大，造成刚性层开裂。

（4）水落口周围直径 500mm 范围内的坡度未能达到 5%的要求，主要是由于水落口杯留置的标高偏高，使得其周围无法加大坡度。

（5）水落口箅子应采用定型的铸铁产品，防止水落口箅子制作粗糙，或使用室内地漏箅子代替，使得水落口被杂物堵塞致使屋面产生积水。

（6）卷材防水的泛水收头在出屋面门下口处缺少有效的固定或密封处理。应采取如下措施：

1）应尽量避免将管道等在泛水高度以下从室内穿出屋面（上层小屋面的雨水管、水箱间的溢流管等）。

2）出屋面的门下口应高出屋面 250mm，并应向外开启。

（7）卷材防水的泛水收头处目前多采用金属盖板，但盖板在墙体的阴、阳角部位及盖板的接头部位应进行密封处理，在此处易出现翘曲、开裂或密封不严等问题。

（8）落水口处防水卷材铺贴不到位，细部处理不符合规范要求。

（9）女儿墙内侧墙面抹灰未做分格缝，由于墙面一般均较长，所以出现较多裂缝。

12.6.7.7 室内

（1）踢脚、水泥踢脚上口欠光滑，空鼓较大；块材镶贴的踢脚应控制厚度，如果踢脚太厚，上口很难处理得美观，块材镶贴的踢脚空鼓亦较多。

（2）木门安装及细木油漆方面的问题较多。如：木门缝隙偏大，合页安装方向不对，细木制作中拼缝不严密，木质的定型线条在油漆前未进行净创和认真的打磨，油漆的手感较差，腻子与木作的颜色差异明显，木门上口未刷油漆，在潮湿环境下的木门下口也未刷油漆，夹板门未打透气孔等。这是一些量大面广的问题，如果不能够认真对待将严重影响工程的总体质量。

（3）楼梯。楼梯踏步的边沿若没有做挡水处理，则应在其下边沿做滴水线，且滴水线应沿踏步板、平台底贯通。做滴水处理的楼梯板和平台的侧面及滴水线不应刷白色涂料。

（4）交叉污染现象比较普遍。墙面涂料吊顶的边龙骨或踢脚、顶棚的涂料污染墙面，水泥砂浆污染铝合金门窗，密封胶污染墙面、铝合金门窗，土建装饰涂料污染设备、管线等。污染必须清除，但主要应在加强成品保护上下工夫。特别应注意对铝合金材料的保护，因为铝合金材料一旦被水泥砂浆污染，其痕迹将无法彻底消除。

12.6.7.8 设备安装配合

预留、预埋对于安装工程各个专业施工影响极大，是影响安装施工质量的重要因素。为保证预留、预埋准确无误，应从以下几方面进行控制：

（1）施工前各专业各人认真熟悉施工图，统计预留、预埋点，统一编号，并画出预留、预埋点的分布大样图。

（2）各专业应进行图纸会审，绘出综合管线图，确定预留孔洞和预埋管的准确位置。

（3）严格按设计图纸和规范、标准图集加工预埋件，以防止预埋件的尺寸不符合要求而返工。

（4）预埋件安装时必须可靠地固定，防止因振动泵的振动而移位。

（5）预埋管道要采取可靠保护措施，管道内填充泡沫以防止堵塞。

参 考 文 献

[1] 王明海. 炼铁原理与工艺 [M]. 北京：冶金工业出版社，2006.
[2] 项钟庸，王筱留. 高炉设计——炼铁工艺设计理论与实践 [M]. 北京：冶金工业出版社，2007.
[3] 张树勋，李传薪. 钢铁厂设计原理（上、下册）[M]. 北京：冶金工业出版社，1994.
[4] 成兰伯. 高炉炼铁工艺及计算 [M]. 北京：冶金工业出版社，1991.
[5] 王筱留. 高炉生产知识问答 [M]. 北京：冶金工业出版社，2005.
[6] 地基处理手册编写委员会. 地基处理手册 [M]. 北京：中国建筑工业出版社，1994.
[7] 桩基工程手册编写委员会. 桩基工程手册 [M]. 北京：中国建筑工业出版社，1995.
[8] 胡沟璞，吕岳辉，王建丽. 高炉炼铁设计原理 [M]. 北京：化学工业出版社，2010.
[9] 王平. 炼铁设备 [M]. 北京：冶金工业出版社，2006.
[10] 张殿友. 高炉冶炼操作技术 [M]，北京：冶金工业出版社，2007.
[11] 宋建成. 高炉炼铁理论与操作 [M]. 北京：冶金工业出版社，2005.
[12] 张保兴. 建筑施工技术 [M]. 北京：中国建材工业出版社，2004.
[13] 郝素菊，蒋武锋，方觉. 高炉炼铁设计原理 [M]. 北京：冶金工业出版社，2003.
[14] 周学军，顾发全，王示. 钢结构工程施工质量验收规范应用指导 [M]. 济南：山东科学技术出版社，2004.
[15] 王祖和. 项目质量管理 [M]. 北京：机械工业出版社，2004.
[16] 殷瑞钰. 冶金流程工程学 [M]. 北京：冶金工业出版社，2004.
[17] 张保兴. 建筑施工技术 [M]. 北京：中国建材工业出版社，2004.
[18] 北京土木建筑学会. 施工组织设计与施工方案 [M]. 北京：中国经济科学出版社，2003.
[19] 项目管理丛书委员会. 建筑工程施工项目管理丛书 [M]. 北京：中国建筑工业出版社，2002.
[20] 周传典. 高炉炼铁生产技术手册 [M]. 北京：冶金工业出版社，2002.
[21] 李慧民. 冶金建设工程技术 [M]. 北京：冶金工业出版社，2006.
[22] 袁熙志. 冶金工艺工程设计 [M]. 北京：冶金工业出版社，2003.
[23] 谷士强. 冶金机械安装工程手册 [M]. 北京：冶金工业出版社，1998.
[24] 赵仲琪. 建筑施工组织 [M]. 北京：冶金工业出版社，2003.
[25] 丛培经. 建筑施工项目管理与施工设计 [M]. 北京：中国环境科学出版社，1997.
[26] 北京土木建筑学会. 施工组织设计与施工方案 [M]. 北京：中国经济科学出版社，2003.
[27] 项目管理丛书委员会. 建筑工程施工项目管理丛书 [M]. 北京：中国建筑工业出版社，2002.
[28] 高清志，等. 高炉内型设计与讨论 [J]. 炼铁，1990（4）：13~21.

[29]《炼铁设计参考资料》编写组. 炼铁设计参考资料 [M]. 北京：冶金工业出版社, 1975.
[30] 冶金工业部长沙黑色冶金矿山设计研究院. 烧结设计手册 [M]. 北京：冶金工业出版社, 1990.
[31] 张渊鹏. 冶金工程概论 [M]. 长沙：中南大学出版社, 1998.

冶金工业出版社部分图书推荐

书 名	作 者	定价(元)
冶金工程设计（第1册）设计基础	郭鸿发 等	145.00
冶金工程设计（第2册）工艺设计	云正宽 等	198.00
冶金工程设计（第3册）机电设备与工业炉窑设计	云正宽 等	195.00
高炉设计——炼铁工艺设计理论与实践	项钟庸	136.00
有色冶金炉设计手册	本书编委会	199.00
稀有金属真空熔铸技术及其设备设计	马开道	79.00
工业除尘设备——设计、制作、安装与管理	姜凤友	158.00
钢铁冶金原理（第4版）（本科教材）	黄希祜	82.00
现代冶金工艺学（钢铁冶金卷）（本科国规教材）	朱苗勇	49.00
钢铁冶金学（炼铁部分）（第3版）	王筱留	60.00
炼钢工艺学（本科教材）	高泽平	39.00
高炉炼铁设计与设备（本科教材）	郝素菊	32.00
炼铁厂设计原理（本科教材）	万 新	38.00
炼钢厂设计原理（本科教材）	王令福	29.00
轧钢厂设计原理（本科教材）	阳 辉	46.00
氧化铝厂设计（本科教材）	符 岩 等	69.00
金属压力加工车间设计（本科教材）	温景林	28.00
冶金单元设计（本科教材）	范光前	35.00
建筑结构振动计算与抗振措施	张荣山 等	55.00
岩巷工程施工——掘进工程	孙延宗 等	120.00
岩巷工程施工——支护工程	孙延宗 等	100.00
钢骨混凝土异形柱	李 哲 等	25.00
隔震建筑概论	苏经宇 等	45.00